戚風蛋糕研究室

日本高人氣甜點名師不失敗美味配方大公開！
蓬鬆、濕潤和Q彈三種口感戚風蛋糕
×
創意戚風蛋糕一次收藏

村吉雅之 著

Chiffon Cake Laboratory
— Murayoshi Masayuki —

歡迎來到戚風蛋糕研究室

第一次知道戚風蛋糕是在 18 歲的時候。

實習單位的前輩因爲這款蛋糕當時正流行，看到他試做時的模樣，打開了我的眼界，因爲這種蛋糕的作法與我所知的蛋糕作法並不相同。

咦！要加水嗎？‧‧‧‧‧啊，要加沙拉油嗎？

要加入這麼多的蛋白霜嗎？應該沒問題吧？

爲何戚風蛋糕要倒扣冷卻呢？

儘管內心裡湧出許多的疑問，吃著烤好的蛋糕，一口接著一口蛋糕在嘴裡融化，這般輕盈蓬鬆的蛋糕口感我還是第一次吃到，想著吃再多也不會膩。

從此之後，我開始收集各式戚風蛋糕的食譜書，不停的試做練習。只是時不時會察覺到，爲何每一本書內只介紹一種口感的蛋糕體呢？再深入比較，某些書內強調的重點，在其它書中卻表示這樣做會失敗，依照食譜所做好的蛋糕，出爐時卻是完全不同的狀態。

爲什麼？到底是怎麼回事？我內心的戚風研究魂開始燃燒。我開始將食譜與學理比較套用，偶爾跳脫規則，並思考每一個步驟的關聯，抽絲剝繭，依照經驗將不同口感的蛋糕體與不同食材互相運用，期待著到底會碰撞出怎樣的味道。

蓬鬆口感的戚風蛋糕，鬆鬆軟軟的模樣，讓人想直接抓一大口來吃；濕潤口感的戚風蛋糕則可以搭配熱茶悠閒享受；Q 彈口感的戚風蛋糕，最適合在早餐的時刻，塞入一大口滿滿的幸福感。

我很開心可以邀請大家來到我的戚風蛋糕研究室。

村吉雅之（Murayoshi Masayuki）

在做戚風蛋糕之前

● 本書所介紹的戚風蛋糕，基本上為使用4顆雞蛋，可以製作出直徑17cm蛋糕的食譜。

● 烤箱在使用前，請確實預熱。

● 本書所介紹的戚風蛋糕，都是以家用烤箱的溫度、時間為基準。然而，依照不同機種仍會有差異。
　完成時請參考本書的照片，按照記載的時間自行調整。

● 1小匙為5mℓ。1大匙為15mℓ。

● 加入極少量的調味料時，會以「少許」或是「1小撮」標示。「少許」指的是以大拇指和食指可以抓取的份
　量；1小撮則是指大拇指、食指和中指三根手指抓取的份量為準。

● 「適量」為剛剛好即可的份量。「適宜」則為按照個人喜好即可。不加也無妨。

CONTENTS

材 料

製作戚風蛋糕的材料非常簡單。
只需要雞蛋、砂糖、鹽、低筋麵粉，部分食譜會加入泡打粉；
液體類的食材則有油、牛奶和水。
再加入不同食材一起放入烤箱內烘烤，即可以變化出許多種的
口味，這就是戚風蛋糕的魅力。

❶ 雞蛋

直徑17cm的戚風蛋糕所需要的雞蛋是4顆。製作前先將蛋黃與蛋白分離，蛋白務必事先放入冰箱內冷藏。

❷ 砂糖

基本上使用上白糖（白砂糖）。如果要改變風味的話，可以改用蔗糖、黑糖。當然也可以使用蜂蜜來替代糖分與水分。

❸ 鹽

戚風蛋糕不可或缺的蛋白霜，使其可以成功打發的重要食材。只要加入1小撮鹽，就可以做出柔順細滑的蛋白霜。

❹ 低筋麵粉

戚風蛋糕是藉著少量的低筋麵粉和蛋白霜的作用烘烤而成。除了低筋麵粉，亦可使用米穀粉或高筋麵粉代替，創造出不同的變化（參照 p.100）。

❺ 泡打粉

戚風蛋糕藉由蛋白霜的作用得以做出膨脹的狀態。泡打粉雖然不是必要的材料，但加入泡打粉會更膨發，讓蛋糕體膨發得更完美，吃起來較為紮實Q彈。本書所介紹的蓬鬆口感的戚風蛋糕，為了增添口感，會於製作時添加1小撮的泡打粉。如果只喜歡蛋白霜所形成的輕盈蓬鬆口感，不加入泡打粉也不會影響蛋糕的製作。

❻ 油分

基本上使用無味無臭、容易取得的沙拉油。然而依照對風味、蛋糕體質地要求的不同，也可使用橄欖油、融化的奶油。

❼ 水分

液體類以水和牛奶為主。想要製作濕潤口感的戚風蛋糕時，亦可使用原味優格代替。

工 具

只要有17cm的戚風蛋糕烤模，
以及一般常用的烘焙類工具就可以製作戚風蛋糕；
為了順利打發蛋白霜，請準備好手持攪拌機。
一切就緒後，就可以開始了！

● 烘焙用刮板

● 電子秤

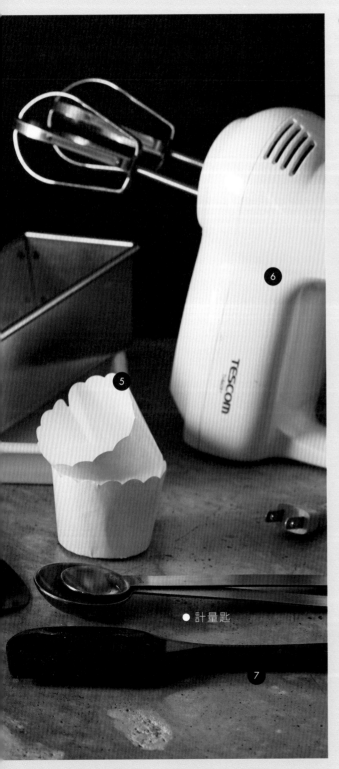

●計量匙

❶ 調理盆

製作麵糊、打發蛋白霜時便利的工具。建議使用直徑
22〜24cm的尺寸，兩個備用爲佳。

❷ 打蛋器

攪拌食材、將蛋白霜與麵糊拌勻不可或缺的工具。方
便使用的大小約爲全長27cm。

❸ 過篩器

仔細的將麵粉過篩爲烘焙過程中的重要步驟之一。請
使用專用的過篩器。建議不要使用網孔太大的器具。

❹ 戚風蛋糕烤模

本書所介紹的爲方便放入家庭烤箱烘烤，可使用4顆
雞蛋製作、17cm大小的蛋糕烤模。建議使用導熱性
佳、沒有縫隙好清洗的鋁製品。使用後先浸泡在水中
會比較好清洗。使用直徑20cm的蛋糕烤模，製作麵
糊的材料需增爲1.5倍，烘烤的時間至少以30分鐘爲
基準。

❺ 其它形狀的蛋糕烤模

除了戚風蛋糕型的烤模，也可用一般的烤盤、磅蛋糕
的模具、杯子狀的模具來製作戚風蛋糕。使用一般烤
盤、磅蛋糕模具製作時，請事先鋪好烘焙紙再倒入麵
糊。如果是使用杯狀模具，請選用高度較高、可以直
接放入烤箱的自立型烤模爲佳。

❻ 手持攪拌機

打發蛋白霜不可或缺的器具。任何款式皆可，本書製
作時會以低速和高速兩種變速模式交互使用。

❼ 矽膠刮刀

攪拌麵糊、讓麵糊流入模具、倒入後將麵糊整平時重
要的工具。挑選刮刀時，建議選用可以服貼調理盆的
刮刀爲佳。

蓬鬆口感的戚風蛋糕

∞

□ 首先加入一半份量的上白糖與蛋黃一起打發，攪拌讓
  空氣能夠打入蛋黃內。

□ 加水可以延展成順滑的麵糊，確保烤出來是蓬鬆的狀
  態。牛奶則可以使蛋糕吃起來質地濕潤。

□ 製作蛋白霜時，只加入蛋白 1/4 以下份量的砂糖的
  話，會形成較為強韌的蛋白霜。利用這個蛋白霜與蛋
  黃麵糊混合，隨著烘烤過程會高高地膨起，比較不容
  易塌陷。

□ 蛋白霜打至攪拌機頭部帶出微微下垂的彎曲狀即可。

□ 將蛋白霜與蛋黃麵糊混合均勻後，可能會有沒有拌勻
  的小顆粒，請記得使用刮刀仔細翻拌。

基本款的蓬鬆口感
戚風蛋糕

蓬鬆口感的戚風蛋糕，沒有人不愛的口感，
放入口中彷彿要融化般柔軟又輕盈。
只要加入1小撮的泡打粉，就會讓蛋糕吃起來更加紮實，
依照個人喜好添加與否皆可。

材料〔直徑 17cm 的蛋糕烤模〕

雞蛋 … 4顆　　A ┌ 低筋麵粉 … 70g
上白糖 … 60g　　 └ 泡打粉 … 1小撮
鹽 … 1小撮　　 B ┌ 水 … 30g
　　　　　　　　 ├ 牛奶 … 30g
　　　　　　　　 └ 沙拉油 … 30g

事前準備

◎ 準備兩個調理盆，將蛋白與蛋黃分別倒入盆內。
◎ 蛋白放入冷藏庫內確實冷卻。
◎ 將A的粉類拌勻過篩備用。
◎ 烤箱請預熱至180℃。

作法

製作蛋黃麵糊

1 使用打蛋器攪拌蛋黃，加入一半份
量的上白糖，蛋黃與上白糖仔細拌
勻至泛白的狀態〔ⓐ、ⓑ〕。

2 加入 **B** 攪拌均勻〔ⓒ〕。

3 加入過篩過的 **A**，與蛋液混合至沒
有粉粒的狀態〔ⓓ、ⓔ〕。持續用打
蛋器攪拌約 20～30 次，拌至麵糊
呈現光澤感〔ⓕ〕。

製作蛋白霜

1 使用手持攪拌機（低速）打散蛋白。以切拌的方式打發蛋白至呈現泡沫狀〔ⓐ〕，加入剩下的上白糖一半的份量和鹽〔ⓑ〕。

2 切換至高速模式，當盆裡的蛋白起泡成爲蓬鬆的狀態時〔ⓒ〕，將剩下的上白糖加入持續打發〔ⓓ〕。

3 泡沫開始出現光滑的細緻感，攪拌機頭部帶出微微下垂的彎曲狀〔ⓔ〕，即可切換至低速模式，再繼續打發約 20～30 秒，使其呈現更細緻的質感。

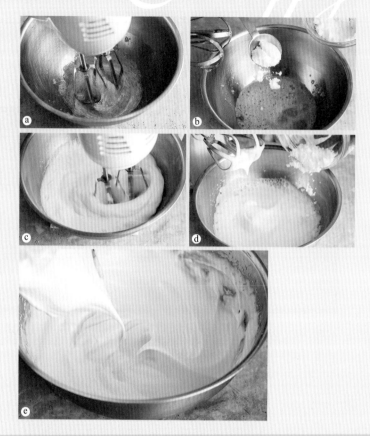

混合蛋黃麵糊與蛋白霜

1 將一半份量的蛋白霜加入裝著麵糊的調理盆內〔ⓐ〕，再使用打蛋器確實攪拌〔ⓑ〕。

2 攪拌均勻後，倒回裝著蛋白霜的調理盆內拌勻〔ⓒ〕。

3 使用打蛋器從底部往上翻拌的方式，讓麵糊和蛋白霜能夠混合均勻。以較大的幅度翻拌麵糊，使麵糊可以穿過打蛋器自然抖落，可以降低消泡的情形〔ⓓ〕。

4 混合均勻後，改用矽膠刮刀翻拌約 20～30 次，使其呈現細緻的質感〔ⓔ、ⓕ〕。

將麵糊倒入烤模

1. 從稍微高一點的位置將麵糊倒入烤模內，固定於某一點緩緩倒入〔ⓐ〕，讓麵糊可以平均流入烤模內。

2. 使用刮刀等工具讓倒入的麵糊可以平整地推延至烤模邊緣，才能烤成均等高度的蛋糕〔ⓑ〕；為了避免烘烤時麵糊溢出，請將沾黏至邊緣的麵糊擦拭乾淨〔ⓒ〕；接著雙手按緊中央凸起的部分，舉起烤模從約5cm的高度往檯面「咚咚」兩下輕輕敲扣，使麵糊可以均勻填滿〔ⓓ〕。

3. 放入預熱過的烤箱，烘烤約25～28分鐘。烘烤至蛋糕表面呈現蓬鬆的狀態並連裂痕也有上色即可。取出時小心不要燙傷，將蛋糕倒扣在網架上冷卻。

memo ## 不可不知的製作秘訣

預防蛋糕體的氣泡孔

製作戚風蛋糕常見的失敗原因。即使確實地將蛋白霜與蛋黃麵糊攪拌，完成後仍然會有氣泡殘留的可能性。將麵糊倒入烤模後，以長筷子順著麵糊繞2～3圈，以消除蛋白霜內的氣泡。

預防烤焦的臭味

若是沒有清理沾黏在蛋糕模側面或是中央凸起處的麵糊，烤焦的麵糊所產生的氣味會依附在蛋糕上。在放入烤箱前，請確實將多餘的麵糊擦拭乾淨。

怎麼知道蛋糕烤好了？

當蛋糕在烤箱內膨脹到最大的狀態〔ⓐ〕後會稍稍退縮回去，這時即為可以出爐的標準。如果將蛋糕在最膨的狀態時取出，因為還沒有完全烤熟，冷卻時會容易變形。烘烤至膨脹並出現裂痕、表面出現美麗的上色時〔ⓑ〕，就可以將蛋糕從烤箱取出。

用基本款蓬鬆口感的
戚風蛋糕麵糊製成
「法式歐姆蛋捲」

沒有戚風蛋糕烤模的時候，也可以享受戚風口感的
法式歐姆蛋捲。將調製好的麵糊倒入平底鍋內燜煎，
完成後加入鮮奶油、果醬等個人喜好的食材夾著一起吃。
將麵糊確實煎到上色後再翻面繼續加熱。

材料〔15cm×3片份〕

雞蛋 … 2顆
上白糖 … 25g
鹽 … 1小撮
A ┌ 低筋麵粉 … 40g
  └ 泡打粉 … 1小撮
B ┌ 水 … 15g
  │ 牛奶 … 15g
  └ 沙拉油 … 15g

【裝飾配料】
　個人喜好的水果 … 250g
　無水優格(或是希臘優格) … 200g
　蜂蜜 … 適量

＊在濾網上鋪上餐巾紙，倒入原味優格過濾
　水分即為無水優格。可以依照個人喜好的
　口感調整水的份量。

事前準備

◎ 準備兩個調理盆，將蛋黃與蛋白分離。

◎ 將蛋白放入冷藏庫內確實冷卻。

◎ 將A的粉類混合後過篩備用。

製作方法

1 麵糊與「基本款蓬鬆口感的戚風蛋糕」製作方法相同。

2 開中火預熱平底鍋，倒入適量的沙拉油(份量外)平鋪
於鍋面上。撈取約湯匙1/3份量的麵糊倒入鍋內，畫
成15cm大小的圓形；蓋上鍋蓋轉小火繼續加熱〔ⓐ〕。
若使用28cm大的平底鍋，則可以同時製作兩片。

3 約加熱4分半～5分鐘後，打開鍋蓋確認是否上色。
加熱至上色後翻面〔ⓑ〕，再次蓋上鍋蓋，加熱1分
半～2分鐘。剩下的麵糊也以同樣方式製作並放涼。

4 將無水優格與切成好入口大小的水果鋪在製作蛋糕皮
一半的位置，淋上蜂蜜後對折即可食用。

可可戚風蛋糕
» p.26

抹茶戚風蛋糕
» p.27

可可戚風蛋糕

戚風蛋糕中不可或缺的蛋白霜，會因為可可粉中的油脂而容易消泡；混合麵糊與蛋白霜時，請盡快輕輕地攪拌才能避免消泡。想要吃起來更加濃郁的話，可以將上白糖換成蔗糖。

材料〔直徑17cm的戚風蛋糕烤模〕

雞蛋 … 4顆	A	低筋麵粉 … 65g
上白糖 … 70g		可可粉 … 15g
鹽 … 1小撮		泡打粉 … 1小撮
	B	水 … 30g
		牛奶 … 20g
		沙拉油 … 30g

事前準備

◎ 準備兩個調理盆，將蛋黃與蛋白分離。
◎ 將蛋白放入冷藏庫內確實冷卻。
◎ 將A的粉類混合後過篩備用。
◎ 烤箱請預熱至180℃。

製作方法

製作蛋黃麵糊

1　使用打蛋器攪拌蛋黃，加入一半份量的上白糖，蛋黃與上白糖仔細拌匀至泛白的狀態。

2　加入 B 再次拌匀。

3　加入過篩後的 A，與蛋液混合至沒有粉粒的狀態。持續用打蛋器攪拌約 20～30 次，使麵糊出現光澤感。

製作蛋白霜

1　用手持攪拌機（低速）打發蛋白。以切拌的方式打發蛋白至呈現泡沫狀，加入剩下的上白糖一半的份量和鹽。

2　切換至高速模式，當盆裡的蛋白起泡成為白色蓬鬆的狀態時，把所有的上白糖加入持續打發。

3　泡沫開始出現光滑的細緻感，攪拌機頭部帶出微微下垂的彎曲狀，即可轉換至低速模式，再繼續打發約 20～30 秒，使其呈現更細緻的質感。

混合蛋黃麵糊與蛋白霜

1　將一半份量的蛋白霜加入裝有麵糊的攪拌盆內，使用打蛋器確實攪拌。

2　攪拌均匀後，倒回裝有蛋白霜的攪拌盆內拌匀。

3　使用打蛋器從底部往上翻拌的方式，讓麵糊和蛋白霜能夠混合均匀。以較大的幅度翻拌麵糊，使麵糊可以穿過打蛋器自然抖落，可以降低消泡的情形。

4　混合均匀後，改用矽膠刮刀翻拌約 20～30 次，使其呈現細緻的狀態。

將麵糊倒入烤模

1　從稍微高一點的位置將麵糊倒入烤模內，固定於某一點緩緩倒入，讓麵糊可以平均流入烤模內。

2　使用刮刀等器具讓倒入的麵糊可以平整地推延至烤模邊緣，才能烤成均等高度的蛋糕；為了避免烘烤時麵糊溢出，請將沾黏至邊緣的麵糊擦拭乾淨；接著雙手按緊中央凸起的部分，舉起烤模從約 5cm 的高度往檯面「咚咚」兩下輕輕敲扣，使麵糊可以均勻填滿烤模。

3　放入預熱過的烤箱，烘烤約 25～28 分鐘。烘烤至蛋糕表面呈現蓬鬆的狀態並連裂痕也有上色即可。取出時小心不要燙傷，將蛋糕倒扣在網架上冷卻。

抹茶戚風蛋糕

帶著些微抹茶苦味的戚風蛋糕，推薦吃法是分切後加入鮮奶油一起享用。搭配紅茶、咖啡也很適合。建議抹茶先過篩後，再添入牛奶混合，比較不容易結塊。

材料〔直徑17cm的戚風蛋糕烤模〕

雞蛋 … 4顆	A〔低筋麵粉 … 70g
上白糖 … 70g	〔泡打粉 … 1小撮
鹽 … 1小撮	B〔抹茶 … 8g
	〔熱水 … 30g
	〔牛奶 … 30g
	〔沙拉油 … 30g

事前準備

◎ 準備兩個調理盆，將蛋黃與蛋白分離。
◎ 將蛋白放入冷藏庫內確實冷卻。
◎ 將A的粉類混合後過篩備用。
◎ 將B事先混合備用。
◎ 烤箱請預熱至180℃。

製作方法

製作蛋黃麵糊

1　使用打蛋器攪拌蛋黃，加入一半份量的上白糖，蛋黃與上白糖仔細拌勻至泛白的狀態。

2　加入 **B** 再次拌勻。

3　加入過篩後的 **A**，與蛋液混合至沒有粉粒的狀態。持續用打蛋器攪拌約 20～30 次，使麵糊出現光澤感。

製作蛋白霜

1　使用手持攪拌機（低速）打發蛋白。以切拌的方式打發蛋白至呈現泡沫狀，加入剩下的上白糖一半的份量和鹽。

2　切換至高速模式，當盆裡的蛋白起泡呈現白色蓬鬆的狀態時，把所有的上白糖加入持續打發。

3　泡沫開始出現光滑的細緻感，攪拌機頭部帶出微微下垂的彎曲狀，即可轉換至低速模式，再繼續打發約 20～30 秒，使其呈現更細緻的質感。

混合蛋黃麵糊與蛋白霜

1　將一半份量的蛋白霜加入裝有麵糊的攪拌盆內，使用打蛋器確實攪拌。

2　攪拌均勻後，倒回裝有蛋白霜的攪拌盆內拌勻。

3　使用打蛋器從底部往上翻拌的方式，讓麵糊和蛋白霜能夠混合均勻。以較大的幅度翻拌麵糊，讓麵糊可以穿過打蛋器自然抖落，可以降低消泡的情形。

4　混合均勻後，改用矽膠刮刀翻拌約 20～30 次，使其呈現細緻的狀態。

將麵糊倒入烤模

1　從稍微高一點的位置將麵糊倒入烤模內，固定於某一點緩緩倒入，讓麵糊可以平均流入烤模內。

2　使用刮刀等器具讓倒入的麵糊可以平整地推延至烤模邊緣，才能烤成均等高度的蛋糕；為了避免烘烤時麵糊溢出，請將沾黏至邊緣的麵糊擦拭乾淨；接著雙手按緊中央凸起的部分，舉起烤模從約 5cm 的高度往檯面「咚咚」兩下輕輕敲扣，使麵糊可以均勻填滿烤模。

3　放入預熱過的烤箱，烘烤約 25～28 分鐘。烘烤至蛋糕表面呈現蓬鬆的狀態並連裂痕也有上色即可。取出時小心不要燙傷，將蛋糕倒扣在網架上冷卻。

巧克力豆杯子戚風蛋糕

利用馬芬蛋糕杯做成的戚風蛋糕，當作禮物送人，對方肯定會很高興。
由於巧克力豆容易沉入蛋糕底部，請於進烤箱前在表面撒上裝飾用的巧克力豆。
苦味、甜味的巧克力皆可，請選用符合自己口味的巧克力。

材料〔直徑5cm的馬芬蛋糕杯模*×7～8個份〕

雞蛋 … 3顆
上白糖 … 45g
鹽 … 1小撮
A ┌ 低筋麵粉 … 50g
　└ 泡打粉 … 1小撮
烘焙用巧克力**
（巧克力豆）… 50g

B ┌ 水 … 20g
　│ 牛奶 … 20g
　└ 沙拉油 … 15g

事前準備

◎ 準備兩個調理盆，將蛋黃與蛋白分離。
◎ 將蛋白放入冷藏庫內確實冷卻。
◎ 將A的粉類混合後過篩備用。
◎ 烤箱請預熱至180℃。

* 馬芬蛋糕杯模建議使用高度較高、可以直接放入烤箱的自立型紙模款式為佳。
** 烘焙用巧克力，可選用甜味、苦味、牛奶味等個人喜好的味道。沒有巧克力
豆的話，請將巧克力切成3mm的塊狀，過篩後去除掉多餘的細粉。細粉沒
有去除的話，烘烤的過程中巧克力的油脂會容易使蛋糕體產生大的孔洞。

製作方法

**製作
蛋黃麵糊**

1 使用打蛋器攪拌蛋黃，加入一半份量的上白糖，蛋黃與上白糖仔細拌勻至泛白的狀態。

2 加入 **B** 再次拌勻。

3 加入過篩後的 **A**，與蛋液混合至沒有粉粒的狀態。持續用打蛋器攪拌約20～30次，使麵糊出現光澤感。

**製作
蛋白霜**

1 使用手持攪拌機（低速）打發蛋白。以切拌的方式打發蛋白至呈現泡沫狀，加入剩下的上白糖一半的份量和鹽。

2 切換至高速模式，當盆裡的蛋白起泡呈現白色蓬鬆的狀態時，把所有的上白糖加入持續打發。

3 泡沫開始出現光滑的細緻感，攪拌機頭部帶出微微下垂的彎曲狀，即可轉換至低速模式，再繼續打發約20～30秒，使其呈現更細緻的質感。

**混合
蛋黃麵糊與
蛋白霜**

1 將一半份量的蛋白霜加入裝有麵糊的攪拌盆內，使用打蛋器確實攪拌。

2 攪拌均勻後，倒回裝有蛋白霜的攪拌盆內拌勻。

3 使用打蛋器從底部往上翻拌的方式，讓麵糊和蛋白霜能夠混合均勻。以較大的幅度翻拌麵糊，讓麵糊可以穿過打蛋器自然抖落，可以降低消泡的情形。

4 混合均勻後，改用矽膠刮刀翻拌約15～20次，使其呈現細緻的狀態。此時加入約8成的巧克力豆，以翻拌的方式拌勻〔ⓐ〕。

**將麵糊倒入
杯子烤模**

1 將麵糊均勻地倒入杯內〔ⓑ〕，再將剩下的巧克力撒落在麵糊上方〔ⓒ〕。

2 抓住杯子兩端於檯面上輕敲兩下，讓麵糊可以平均分散〔ⓓ〕。

3 排列於烤盤上，放入預熱過的烤箱烘烤18～20分鐘。烘烤到表面上色後，連同烤盤放置於網架上冷卻。

焦糖戚風蛋糕

以焦糖替換食材內的油與水，所製成的一款戚風蛋糕。
焦糖硬掉的話，請再次開小火加熱即可。
放入口中，焦糖甜甜苦苦的濃厚口味是一大享受。

材料〔直徑17cm的戚風蛋糕烤模〕		事前準備
雞蛋 … 4顆	B┌上白糖 … 40g	◎ 準備兩個調理盆，將蛋黃與蛋白分離。
上白糖 … 45g	│熱水 … 40g	◎ 將蛋白放入冷藏庫內確實冷卻備用。
鹽 … 1小撮	│奶油	◎ 將A的粉類混合後過篩備用。
A┌低筋麵粉 … 80g	└（無鹽奶油，或是沙拉油亦可）… 30g	◎ 烤箱請預熱至180℃。
└泡打粉 … 1小撮		

製作方法

**製作
蛋黃麵糊**

1 使用打蛋器攪拌蛋黃，加入一半份量的上白糖，蛋黃與上白糖仔細拌勻至泛白的狀態。

2 在小鍋內加入 **B** 的上白糖，轉中火加熱，融化後熬煮到整體呈現茶色的焦糖狀〔ⓐ〕後即可熄火。倒入熱水〔ⓑ、ⓒ〕，待水勢平穩後再加入奶油，以餘熱使其融化〔ⓓ〕。若焦糖在鍋底結塊的話，可開小火加熱煮融。

3 把 *2* 加入 *1* 的碗內混合，再加入過篩後的 **A**，與蛋液混合至沒有粉粒的狀態。持續用打蛋器攪拌約 20～30 次，讓麵糊呈現出光澤感。

**製作
蛋白霜**

1 使用手持攪拌機（低速）打發蛋白。以切拌的方式打發蛋白至呈泡沫狀，加入剩下的上白糖一半的份量和鹽。

2 切換至高速模式，當盆裡的蛋白起泡成為白色蓬鬆的狀態時，把所有的上白糖加入持續打發。

3 泡沫開始出現光滑的細緻感，攪拌機頭部帶出微微下垂的彎曲狀，即可轉換至低速模式，再繼續打發約 20～30 秒，使其呈現更細緻的狀態。

**混合
蛋黃麵糊與
蛋白霜**

1 將一半份量的蛋白霜加入裝有麵糊的攪拌盆內，使用打蛋器確實攪拌。

2 攪拌均勻後，倒回裝有蛋白霜的攪拌盆內拌勻。

3 使用打蛋器從底部往上翻拌的方式，讓麵糊和蛋白霜能夠混合均勻。以較大的幅度翻拌麵糊，使麵糊可以穿過打蛋器自然抖落，可以降低消泡的情形。

4 混合均勻後，改用矽膠刮刀翻拌約 20～30 次，使其呈現細緻的狀態。

**將麵糊
倒入烤模**

1 從稍微高一點的位置將麵糊倒入烤模內，固定於某一點緩緩倒入，讓麵糊可以平均流入烤模內。

2 使用刮刀等器具讓倒入的麵糊可以平整地推延至烤模邊緣，才能烤成均等高度的蛋糕；為了避免烘烤時麵糊溢出，請將沾黏至邊緣的麵糊擦拭乾淨；接著雙手按緊中央凸起的部分，舉起烤模從約 5cm 的高度往檯面「咚咚」兩下輕輕敲扣，使麵糊可以均勻填滿。

3 放入預熱過的烤箱，烘烤約 25～28 分鐘。烘烤至蛋糕表面呈現蓬鬆的狀態並連裂痕也有上色即可。取出時小心不要燙傷，將蛋糕倒扣在網架上冷卻。

橘子肉桂戚風蛋糕

散發著君度橙酒香氣的一款戚風蛋糕。
由於大片的橙皮容易陷落在鬆軟的蛋糕裡，
建議事先切成細碎狀。

製作方法〔直徑 17cm 的戚風蛋糕烤模〕		事前準備
雞蛋 … 4顆 上白糖 … 50g 鹽 … 1小匙	A ┌ 低筋麵粉 … 70g │ 泡打粉 … 1小撮 └ 肉桂粉 … 1/2小匙 B ┌ 君度橙酒(或水) … 30g │ 牛奶 … 20g │ 沙拉油 … 30g └ 糖漬橙皮 … 40g	◎ 準備兩個調理盆，將蛋黃與蛋白分離。 ◎ 將蛋白放入冷藏庫內確實冷卻。 ◎ 將A的粉類混合後過篩備用。 ◎ 烤箱請預熱至180℃。 ◎ 將糖漬橙皮細切成3～5mm 大小的細碎塊狀。

製作方法

**製作
蛋黃麵糊**

1 使用打蛋器攪拌蛋黃，加入一半份量的上白糖，蛋黃與上白糖仔細拌勻至泛白的狀態。

2 將 **B** 加入攪拌均勻。

3 加入過篩後的 **A**，與蛋液混合至沒有粉粒的狀態。持續用打蛋器攪拌約20～30次，使麵糊出現光澤感，並加入切過的橙皮輕輕拌勻。

**製作
蛋白霜**

1 使用手持攪拌機(低速)打發蛋白。以切拌的方式打發蛋白至呈泡沫狀，加入剩下的上白糖一半的份量和鹽。

2 切換至高速模式，當盆裡的蛋白起泡成為白色蓬鬆的狀態時，把所有的上白糖加入持續打發。

3 泡沫開始出現光滑的細緻感，攪拌機頭部帶出微微下垂的彎曲狀，即可轉換至低速模式，再繼續打發約20～30秒，使其呈現更細緻的質感。

**混合
蛋黃麵糊與
蛋白霜**

1 將一半份量的蛋白霜加入裝有麵糊的攪拌盆內，使用打蛋器確實攪拌。

2 攪拌均勻後，倒回裝有蛋白霜的攪拌盆內拌勻。

3 使用打蛋器從底部往上翻拌的方式，讓麵糊和蛋白霜能夠混合均勻。以較大的幅度翻拌麵糊，使麵糊可以穿過打蛋器自然抖落，可以降低消泡的情形。

4 混合均勻後，改用矽膠刮刀翻拌約20～30次，使其呈現細緻的狀態。

**將麵糊
倒入烤模**

1 從稍微高一點的位置將麵糊倒入烤模內，固定於某一點緩緩倒入，讓麵糊可以平均流入烤模內。

2 使用刮刀等器具讓倒入的麵糊可以平整地推延至烤模邊緣，才能烤成均等高度的蛋糕；為了避免烘烤時麵糊溢出，請將沾黏至邊緣的麵糊擦拭乾淨；接著雙手按緊中央凸起的部分，舉起烤模從約5cm的高度往檯面「咚咚」兩下輕輕敲扣，使麵糊可以均勻填滿。

3 放入預熱過的烤箱，烘烤約25～28分鐘。烘烤至蛋糕表面呈現蓬鬆的質感並連裂痕也有上色即可。取出時小心不要燙傷，將蛋糕倒扣在網架上冷卻。

Moist

濕潤口感的戚風蛋糕

∞

☐ 在蛋黃麵糊內拌入牛奶與優格，讓蛋糕的質地更加濕潤。

☐ 牛奶是由水分和固態脂肪所組成的液體，因此只加入與水同等量的牛奶，水分仍會不足。再者，由於牛奶內含的脂肪量比較高，烘烤的過程也會弱化蛋白霜的穩定性，可能會烤出大大的氣孔。製作時請多加留意。

☐ 砂糖具有保水的功效。這個章節我們不在製作蛋黃麵糊的過程加糖，而是在製作蛋白霜時加入全部的砂糖。既可以保水，還可以藉助砂糖的作用攪打出柔軟且不易消泡的蛋白霜。但是，一次加入太多砂糖的話，會導致蛋白霜難以打發。建議分兩次添加，才能打發出強韌的蛋白霜。

☐ 蛋白霜開始出現光滑的細緻感和蓬鬆的狀態，攪拌機頭部帶出微微下垂的彎曲狀即可。

☐ 將蛋白霜與蛋黃麵糊混合均勻後，可能會有沒有拌勻的小顆粒。請記得使用刮刀仔細翻拌。

基本款的濕潤口感
戚風蛋糕

這款戚風蛋糕的製作方式，以優格替代水加入麵糊內，增加綿密、濕潤的口感。由於整體的水分和油量較多，吃起來也比較有份量感。因此，不易消泡的蛋白霜就會扮演重要的角色，製作蛋白霜時請加入全部的砂糖使其確實發泡。

材料〔直徑 17cm 的戚風蛋糕烤模〕

雞蛋 … 4顆	A ┌ 牛奶 … 40g
上白糖 … 60g	│ 原味優格(無糖) … 30g
鹽 … 1小撮	└ 沙拉油 … 40g
低筋麵粉 … 70g	

事前準備

◎ 準備兩個調理盆，將蛋黃與蛋白分離。

◎ 將蛋白放入冷藏庫內確實冷卻。

◎ 將低筋麵粉過篩備用。

◎ 將A混和後，事先加熱（請注意煮到沸騰，可能會油水分離）。

◎ 烤箱請預熱至180℃。

製作方法

製作蛋黃麵糊

1　使用打蛋器攪拌蛋黃，輕輕攪拌直到其發泡、出現黏稠的狀態〔ⓐ〕。

2　加入 A 攪拌均勻〔ⓑ〕。

3　加入過篩過的低筋麵粉〔ⓒ〕，與蛋液混合至沒有粉粒的狀態〔ⓓ〕。持續用打蛋器攪拌約 20～30 次，使麵糊出現光澤感。

製作蛋白霜

1　使用手持攪拌機（低速）打散蛋白。以切拌的方式打發蛋白至呈泡沫狀〔ⓐ〕，加入一半份量的上白糖和鹽〔ⓑ〕。

2　切換至高速模式，當盆裡的蛋白起泡成為白色蓬鬆的狀態時，把剩下的上白糖加入持續打發〔ⓒ〕。

3　持續攪拌至開始出現光滑的細緻感，攪拌機頭部帶出微微下垂的彎曲狀即可〔ⓓ〕。

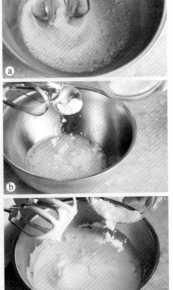

混合蛋黃麵糊與蛋白霜

1　將一半份量的蛋白霜加入裝有麵糊的攪拌盆內，使用打蛋器確實攪拌。

2　攪拌均勻後，倒回裝有蛋白霜的攪拌盆內拌勻。

3　使用打蛋器從底部往上翻拌的方式，讓麵糊和蛋白霜能夠混合均勻。以較大的幅度翻拌麵糊，使麵糊可以穿過打蛋器自然抖落，可以降低消泡的情形。

4　混合均勻後，改用矽膠刮刀翻拌約 30～50 次，使其呈現細緻的狀態（如圖示）。

將麵糊倒入烤模

1　從稍微高一點的位置將麵糊倒入烤模內，固定於某一點緩緩倒入，讓麵糊可以平均流入烤模內。

2　使用刮刀等器具讓倒入的麵糊可以平整地推延至烤模邊緣，才能烤成均等高度的蛋糕；為了避免烘烤時麵糊溢出，請將沾黏至邊緣的麵糊擦拭乾淨；接著雙手按緊中央凸起的部分，舉起烤模從約 5cm 的高度往檯面「咚咚」兩下輕輕敲扣，使麵糊可以均勻填滿。

3　放入預熱過的烤箱，烘烤約 25～28 分鐘。烘烤至蛋糕表面呈現蓬鬆的質感並連裂痕也有上色即可。取出時小心不要燙傷，將蛋糕倒扣在網架上冷卻。

用基本款濕潤口感
戚風蛋糕的麵糊製作
「戚風蛋糕捲」

» p.42

以基本款濕潤口感
戚風蛋糕麵糊製作的
「戚風蛋糕捲」

將依照濕潤手法調配的麵糊倒入烤盤上，
讓麵糊均等地佈滿整個烤盤後放入烤箱。
烘烤完成後，待冷卻後再開始捲。
濕潤的蛋糕體，將表皮朝內或是朝外捲皆可。

材料〔28cm x 28cm 烤盤〕

雞蛋 … 3顆	A ┌ 牛奶 … 30g	鮮奶油 … 180g
上白糖 … 50g	│ 原味優格（無糖）… 15g	上白糖 … 1/2小匙
鹽 … 1小撮	└ 無鹽奶油（沙拉油亦可）… 20g	草莓果醬 … 50g
低筋麵粉 … 50g		

事前準備

◎ 準備兩個調理盆，將蛋黃與蛋白分離。

◎ 將蛋白放入冷藏庫內確實冷卻。

◎ 將低筋麵粉過篩備用。

◎ 將A混和後，事先加熱
（請注意煮到沸騰，可能會油水分離）。

◎ 使用有果肉的草莓果醬，請先用叉子將果肉搗碎。

◎ 在烤盤鋪上烘焙紙。

◎ 烤箱請預熱至180℃。

製作方法

製作蛋黃麵糊

1 使用打蛋器攪拌蛋黃，輕輕攪拌直到發泡、出現黏稠的狀態。

2 加入 **A** 攪拌均勻。

3 加入過篩過的低筋麵粉，與蛋液混合至沒有粉粒的狀態。持續用打蛋器
攪拌約 20～30 次，讓麵糊出現光澤感。

製作蛋白霜

1 使用手持攪拌機（低速）打散蛋白。以切拌的方式打發蛋白至呈泡沫狀，
加入一半份量的上白糖和鹽。

2 切換至高速模式，當盆裡的蛋白起泡成為白色蓬鬆的狀態時，再將另一
半的上白糖加入持續打發。

3 持續攪拌至開始出現光滑的細緻感，攪拌機頭部帶出微微下垂的彎曲狀
即可。

混合蛋黃麵糊與蛋白霜

1 將一半份量的蛋白霜加入裝有麵糊的攪拌盆內,使用打蛋器確實攪拌。

2 攪拌均勻後,倒回裝有蛋白霜的攪拌盆內拌勻。

3 使用打蛋器從底部往上翻拌的方式,讓麵糊和蛋白霜能夠混合均勻。以較大的幅度翻拌麵糊,使麵糊可以穿過打蛋器自然抖落,可以降低消泡的情形。

4 混合均勻後,改用矽膠刮刀翻拌約 30～50 次,使其呈現細緻的狀態。

將麵糊倒入烤盤內

1 從高處將麵糊倒入烤盤內〔ⓐ〕,利用刮板將麵糊整平並佈滿烤盤四角〔ⓑ、ⓒ〕。

2 放入預熱過的烤箱內烘烤 10～12 分鐘。將烤完的蛋糕連同烘焙紙取出〔ⓓ〕,放置於網架上冷卻。

組裝蛋糕捲

1 在調理盆內加入鮮奶油與上白糖,將調理盆放在冰水盆上,用手持攪拌機攪拌約 7 分鐘至起泡。

2 準備一張 40×28cm 大小的烘焙紙,鋪於蛋糕上再翻面,並取下原來黏附在蛋糕底部的烘焙紙。

3 將果醬塗抹於蛋糕上,並利用刮刀均勻塗抹上 1 的鮮奶油〔ⓐ〕。塗抹內餡時,靠近自己的那端可以塗厚一點,另一端薄一點,完成時會較為美觀〔ⓑ〕。

4 開始捲的時候,將靠近自己一端的烘焙紙提起〔ⓒ〕拉著烘焙紙一氣呵成將蛋糕捲到底。收尾時,可使用長尺或長筷壓在底部,輕輕往內推讓蛋糕定型〔ⓓ〕。

5 用保鮮膜連同烘焙紙將整個蛋糕包好,放入冰箱冷藏 2～3 個小時。藉由冷藏的作用,可讓內餡的鮮奶油稍微硬一點、比較好切。待蛋糕捲的狀態穩定之後,再用稍稍溫熱過的刀子切成個人喜好的厚度。

黃豆粉麥茶戚風蛋糕
» p.46

香料茶戚風蛋糕
» p.47

黃豆粉麥茶戚風蛋糕

濃郁香氣的黃豆粉與麥茶組合而成的一款戚風蛋糕。
迷人的香氣，不管是當作小朋友的點心，
或是搭配熱茶享用都很適合，充滿日式風情的一款蛋糕。
記得麥茶要確實煮過，香氣才會更加突出。

材料〔直徑17cm的戚風蛋糕烤模〕

雞蛋 … 4顆　　　 A ┌ 麥茶(1L水煮茶包) … 1包
蔗糖 … 70g 　　　　│ 熱水 … 15g
鹽 … 1小撮 　　　　└ 牛奶 … 50g
低筋麵粉 … 60g 　 B ┌ 原味優格(無糖) … 20g
黃豆粉 … 15g 　　　└ 沙拉油 … 30g

事前準備

◎ 準備兩個調理盆，將蛋黃與蛋白分離。
◎ 將蛋白放入冷藏庫內確實冷卻。
◎ 將低筋麵粉和黃豆粉混合後過篩備用。
◎ 將B拌勻後加熱（請注意煮到沸騰，可能會油水分離）。
◎ 烤箱請預熱至180℃。

製作方法

製作 麥茶基底	1	在小鍋內加入 **A** 的麥茶茶包和熱水，上蓋燜 3 分鐘。
	2	加入牛奶轉中火加熱，沸騰後調整成小火繼續煮 2 分鐘，再加入 **B** 並攪拌均勻。
製作 蛋黃麵糊	1	使用打蛋器攪拌蛋黃，輕輕攪拌直到發泡、出現黏稠的狀態。
	2	一邊倒入麥茶茶湯，加入的同時用濾網過濾，攪拌均勻。
	3	加入過篩過的低筋麵粉、黃豆粉並與蛋液混合至沒有粉粒的狀態。持續用打蛋器攪拌約 20～30 次，使麵糊出現光澤感。
製作 蛋白霜	1	使用手持攪拌機（低速）打散蛋白。以切拌的方式打發蛋白至呈現泡沫狀，加入一半份量的蔗糖和鹽。
	2	切換至高速模式，當盆裡的蛋白起泡成為白色蓬鬆的狀態時，放入剩下的蔗糖持續打發。
	3	持續攪拌至開始出現光滑的細緻感，攪拌機頭部帶出微微下垂的彎曲狀即可。
混合 蛋黃麵糊與 蛋白霜	1	將一半份量的蛋白霜加入裝有麵糊的攪拌盆內，使用打蛋器確實攪拌。
	2	攪拌均勻後，倒回裝有蛋白霜的攪拌盆內拌勻。
	3	使用打蛋從底部往上翻拌的方式，讓麵糊和蛋白霜能夠混合均勻。以較大的幅度翻拌麵糊，使麵糊可以穿過打蛋器自然抖落，可以降低消泡的情形。
	4	混合均勻後，改用矽膠刮刀翻拌約 30～50 次，使其呈現細緻的狀態。
將麵糊 倒入烤模	1	從稍微高一點的位置將麵糊倒入烤模內，固定於某一點緩緩倒入，讓麵糊可以平均流入烤模內。
	2	使用刮刀等器具讓倒入的麵糊可以平整地推延至烤模邊緣，才能烤成均等高度的蛋糕；為了避免烘烤時麵糊溢出，請將沾黏至邊緣的麵糊擦拭乾淨；接著雙手按緊中央凸起的部分，舉起烤模從約 5cm 的高度往檯面「咚咚」兩下輕輕敲扣，使麵糊可以均勻填滿。
	3	放入預熱過的烤箱，烘烤 25～28 分鐘。烘烤至蛋糕表面呈現蓬鬆的質感並連裂痕也有上色即可。取出時小心不要燙傷，將蛋糕倒扣在網架上冷卻。

香料茶戚風蛋糕

飄散著生薑、香料的香氣，洋溢著異國風味的一款戚風蛋糕。
與麥茶相同，紅茶要確實煮過茶香才會明顯。
可以挑選自己喜歡的紅茶或香料，調配出不同的風味，
也是製作這款蛋糕的樂趣之一。

材料〔直徑17cm的戚風蛋糕烤模〕

雞蛋 … 4顆	A ┌ 紅茶茶包 … 2包
上白糖 … 60g	│ 生薑片 … 2片
鹽 … 1小撮	│ 熱水 … 15g
低筋麵粉 … 65g	└ 牛奶 … 50g
紅茶茶包 … 1包	B ┌ 原味優格(無糖) … 20g
肉桂粉 … 5g	└ 沙拉油 … 40g
豆蔻粉 … 2g	

事前準備

◎ 準備兩個調理盆，將蛋黃與蛋白分離。
◎ 將蛋白放入冷藏庫確實冷卻。
◎ 將低筋麵粉過篩備用。
◎ 烤箱請預熱至180℃。

製作方法

製作香料茶基底

1 在小鍋內加入 A 的紅茶茶包、生薑、熱水，上蓋燜3分鐘。

2 加入牛奶轉中火加熱，沸騰後調整為小火繼續煮2分鐘，再加入 B 並攪拌均勻。

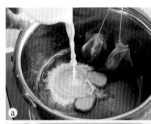

製作蛋黃麵糊

1 使用打蛋器攪拌蛋黃，輕輕攪拌直到發泡、出現黏稠的狀態。

2 一邊倒入香料茶湯，加入的同時用濾網過濾，攪拌均勻。

3 加入過篩過的低筋麵粉、紅茶茶葉、肉桂粉、豆蔻粉，與蛋液混合至沒有粉粒的狀態。持續用打蛋器攪拌約20～30次，使麵糊出現光澤感。

製作蛋白霜

1 使用手持攪拌機(低速)打散蛋白。以切拌的方式打發蛋白至呈泡沫狀，加入一半份量的上白糖和鹽。

2 切換至高速模式，當盆裡的蛋白起泡成為蓬鬆的狀態時，加入剩下的上白糖持續打發。

3 持續攪拌至開始出現光滑的細緻感，攪拌機頭部帶出微微下垂的彎曲狀即可。

混合蛋黃麵糊與蛋白霜

1 將一半份量的蛋白霜加入裝有麵糊的攪拌盆內，使用打蛋器確實攪拌。

2 攪拌均勻後，倒回裝有蛋白霜的攪拌盆內拌勻。

3 使用打蛋器從底部往上翻拌的方式，讓麵糊和蛋白霜能夠混合均勻。以較大的幅度翻拌麵糊，使麵糊可以穿過打蛋器自然抖落，可以降低消泡的情形。

4 混合均勻後，改用矽膠刮刀翻拌約30～50次，使其呈現細緻的狀態。

將麵糊倒入烤模

1 從稍微高一點的位置將麵糊倒入烤模內，固定於某一點緩緩倒入，讓麵糊可以平均流入烤模內。

2 使用刮刀等器具讓倒入的麵糊可以平整地推延至烤模邊緣，才能烤成均等高度的蛋糕；為了避免烘烤時麵糊溢出，請將沾黏至邊緣的麵糊擦拭乾淨；接著雙手按緊中央凸起的部分，舉起烤模從約5cm的高度往檯面「咚咚」兩下輕輕敲扣，使麵糊可以均勻填滿。

3 放入預熱過的烤箱，烘烤25～28分鐘。烘烤至蛋糕表面呈現蓬鬆的質感並連裂痕也有上色即可。取出時小心不要燙傷，將蛋糕倒扣在網架上冷卻。

黑糖蘭姆戚風蛋糕

黑糖的甘甜與蘭姆酒的酒香爲整個蛋糕構成了鮮明的印象。
黑糖建議使用顆粒狀的產品，較爲方便製作。
如果沒有顆粒狀的黑糖，請過篩後再使用。

材料〔直徑 17cm 的戚風蛋糕烤模〕

雞蛋 … 4 顆
黑糖（顆粒狀）… 60 g
鹽 … 1 小撮
低筋麵粉 … 70 g
A ┌ 蘭姆酒 … 30 g
　├ 原味優格（無糖）… 30 g
　└ 沙拉油 … 40 g

事前準備

◎ 準備兩個調理盆，將蛋黃與蛋白分離。
◎ 將蛋白放入冷藏庫內確實冷卻。
◎ 將低筋麵粉過篩備用。
◎ 將 A 拌勻後加熱（請注意煮到沸騰，可能會油水分離）。
◎ 烤箱請預熱至 180℃。

製作方法

製作蛋黃麵糊

1. 使用打蛋器攪拌蛋黃，輕輕攪拌直到其發泡、出現黏稠的狀態。

2. 加入 **A** 攪拌均勻。

3. 加入過篩過的低筋麵粉，與蛋液混合至沒有粉粒的狀態。持續用打蛋器攪拌約 20～30 次，使麵糊出現光澤感。

製作蛋白霜

1. 使用手持攪拌機（低速）打散蛋白。以切拌的方式打發至蛋白呈泡沫狀，再加入一半份量的黑糖和鹽。

2. 切換至高速模式，當盆裡的蛋白起泡成爲白色蓬鬆的狀態時，加入剩下的黑糖持續打發。

3. 持續攪拌至開始出現光滑的細緻感，攪拌機頭部帶出微微下垂的彎曲狀即可。

混合蛋黃麵糊與蛋白霜

1. 將一半份量的蛋白霜加入裝有麵糊的攪拌盆內，使用打蛋器確實攪拌。

2. 攪拌均勻後，倒回裝有蛋白霜的攪拌盆內拌勻。

3. 使用打蛋器從底部往上翻拌的方式，讓麵糊和蛋白霜能夠混合均勻。以較大的幅度翻拌麵糊，使麵糊可以穿過打蛋器自然抖落，可以降低消泡的情形。

4. 混合均勻後，改用矽膠刮刀翻拌約 30～50 次，使其呈現細緻的狀態。

將麵糊倒入烤模

1. 從稍微高一點的位置將麵糊倒入烤模內，固定於某一點緩緩倒入，讓麵糊可以平均流入烤模內。

2. 使用刮刀等器具讓倒入的麵糊可以平整地推延至烤模邊緣，才能烤成均等高度的蛋糕；爲了避免烘烤時麵糊溢出，請將沾黏至邊緣的麵糊擦拭乾淨；接著雙手按緊中央凸起的部分，舉起烤模從約 5cm 的高度往檯面「哆哆」兩下輕輕敲扣，使麵糊可以均勻填滿。

3. 放入預熱過的烤箱，烘烤約 25～28 分鐘。烘烤至蛋糕表面呈現蓬鬆的狀態並連裂痕也有上色即可。取出時小心不要燙傷，將蛋糕倒扣在網架上冷卻。

椰奶戚風蛋糕
» p.52

蜂蜜優格戚風蛋糕
» p.53

椰奶戚風蛋糕

充滿著椰奶甘甜香氣的一款戚風蛋糕。
如果有椰子粉的話，加入一些些更可增添口感喔！

材料〔直徑17cm的戚風蛋糕烤模〕

雞蛋 … 4顆
上白糖 … 60g
鹽 … 1小撮
低筋麵粉 … 70g
椰子粉 … 適宜

A ┌ 椰奶 … 50g
  │ 原味優格（無糖）… 20g
  └ 沙拉油 … 25g

事前準備

◎ 準備兩個調理盆，將蛋黃與蛋白分離。
◎ 將蛋白放入冷藏庫內確實冷卻。
◎ 將低筋麵粉過篩備用。
◎ 將A拌勻後加熱（請注意煮到沸騰，可能會油水分離）。
◎ 烤箱請預熱至180℃。

製作方法

**製作
蛋黃麵糊**

1 使用打蛋器攪拌蛋黃，輕輕攪拌直到其發泡、出現黏稠的狀態。

2 加入 **A** 攪拌均勻。

3 加入過篩過的低筋麵粉，如果有椰子粉的話，可加入 10g 的椰子粉，與麵粉、蛋液混合至沒有粉粒的狀態。持續用打蛋器攪拌約 20～30 次，使麵糊出現光澤感。

**製作
蛋白霜**

1 使用手持攪拌機（低速）打散蛋白。以切拌的方式打發蛋白至呈泡沫狀，再加入一半份量的上白糖和鹽。

2 切換至高速模式，當盆裡的蛋白起泡成為白色蓬鬆的狀態時，加入剩下的上白糖持續打發。

3 持續攪拌至開始出現光滑的細緻感，攪拌機頭部帶出微微下垂的彎曲狀即可。

**混合
蛋黃麵糊與
蛋白霜**

1 將一半份量的蛋白霜加入裝有麵糊的攪拌盆內，使用打蛋器確實攪拌。

2 攪拌均勻後，倒回裝有蛋白霜的攪拌盆內拌勻。

3 使用打蛋器從底部往上翻拌的方式，讓麵糊和蛋白霜能夠混合均勻。以較大的幅度翻拌麵糊，使麵糊可以穿過打蛋器自然抖落，可以降低消泡的情形。

4 混合均勻後，改用矽膠刮刀翻拌約 30～50 次，使其呈現細緻的狀態。

**將麵糊
倒入烤模**

1 從稍微高一點的位置將麵糊倒入烤模內，固定於某一點緩緩倒入，讓麵糊可以平均流入烤模內。

2 使用刮刀等器具讓倒入的麵糊可以平整地推延至烤模邊緣，才能烤成均等高度的蛋糕；為了避免烘烤時麵糊溢出，請將沾黏至邊緣的麵糊擦拭乾淨；接著雙手按緊中央凸起的部分，舉起烤模從約 5cm 的高度往檯面「咚咚」兩下輕輕敲扣，使麵糊可以均勻填滿。

3 放入預熱過的烤箱，烘烤約 25～28 分鐘。烘烤至蛋糕表面呈現蓬鬆的狀態並連裂痕也有上色即可。取出時小心不要燙傷，將蛋糕倒扣在網架上冷卻。

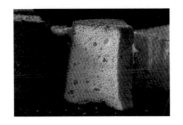

蜂蜜優格戚風蛋糕

添加蜂蜜，讓這款蛋糕吃起來更有層次與風味。
僅以優格替代其它液體類食材，吃起來會更濕潤且口感十足。

材料〔直徑17cm的戚風蛋糕烤模〕

雞蛋 … 4顆
上白糖 … 50g
鹽 … 1小撮
低筋麵粉 … 80g
A ┌ 蜂蜜 … 30g
  │ 原味優格(無糖) … 70g
  └ 沙拉油 … 30g

事前準備

◎ 準備兩個調理盆，將蛋黃與蛋白分離。
◎ 將蛋白放入冷藏庫內確實冷卻。
◎ 將低筋麵粉過篩備用。
◎ 將A拌勻後加熱（請注意煮到沸騰，可能會油水分離）。
◎ 烤箱請預熱至180℃。

製作方法

製作蛋黃麵糊

1　使用打蛋器攪拌蛋黃，輕輕攪拌直到其發泡、出現黏稠的狀態。

2　加入 **A** 攪拌均勻。

3　加入過篩過的低筋麵粉，與蛋液混合至沒有粉粒的狀態。持續用打蛋器攪拌約20～30次，使麵糊出現光澤感。

製作蛋白霜

1　使用手持攪拌機（低速）打散蛋白。以切拌的方式打發蛋白至呈泡沫狀，再加入一半份量的上白糖和鹽。

2　切換至高速模式，當盆裡的蛋白起泡成為白色蓬鬆的狀態時，加入剩下的上白糖持續打發。

3　持續攪拌至開始出現光滑的細緻感，攪拌機頭部帶出微微下垂的彎曲狀即可。

混合蛋黃麵糊與蛋白霜

1　將一半份量的蛋白霜加入裝有麵糊的攪拌盆內，使用打蛋器確實攪拌。

2　攪拌均勻後，倒回裝有蛋白霜的攪拌盆內拌勻。

3　使用打蛋器從底部往上翻拌的方式，讓麵糊和蛋白霜能夠混合均勻。以較大的幅度翻拌麵糊，使麵糊可以穿過打蛋器自然抖落，可以降低消泡的情形。

4　混合均勻後，改用矽膠刮刀翻拌約30～50次，使其呈現細緻的狀態。

將麵糊倒入烤模

1　從稍微高一點的位置將麵糊倒入烤模內，固定於某一點緩緩倒入，讓麵糊可以平均流入烤模內。

2　使用刮刀等器具讓倒入的麵糊可以平整地推延至烤模邊緣，才能烤成均等高度的蛋糕；為了避免烘烤時麵糊溢出，請將沾黏至邊緣的麵糊擦拭乾淨；接著雙手按緊中央凸起的部分，舉起烤模從約5cm的高度往檯面「咚咚」兩下輕輕敲扣，使麵糊可以均勻填滿。

3　放入預熱過的烤箱，烘烤約25～28分鐘。烘烤至蛋糕表面呈現蓬鬆的狀態並連裂痕也有上色即可。取出時小心不要燙傷，將蛋糕倒扣在網架上冷卻。

烏龍荔枝戚風蛋糕

清香的烏龍茶與荔枝的果香，
讓人聯想到台灣味的人氣食材組合。
荔枝請切成小塊狀，才不會都沉到蛋糕下方。

材料〔直徑 17cm 的戚風蛋糕烤模〕

雞蛋 … 4顆
蔗糖 … 60g
鹽 … 1小撮
低筋麵粉 … 70g
荔枝乾
（使用冷凍荔枝的話30g）… 40g

A ┌ 烏龍茶葉 … 3g
　├ 熱水 … 15g
　└ 牛奶 … 50g
B ┌ 原味優格（無糖）… 20g
　└ 沙拉油 … 40g

事前準備

◎ 準備兩個調理盆，將蛋黃與蛋白分離。
◎ 將蛋白放入冷藏庫內確實冷卻。
◎ 將低筋麵粉過篩備用。
◎ 烤箱請預熱至180℃。
◎ 將荔枝乾切成3〜
　5mm的塊狀，再切
　成細碎狀。

製作方法

製作烏龍茶基底

1 在小鍋內加入 **A** 的烏龍茶葉、熱水，上蓋並燜 3 分鐘。

2 加入牛奶轉中火加熱，沸騰後調整為小火繼續煮 2 分鐘，再加入 **B** 並攪拌均勻。

製作蛋黃麵糊

1 使用打蛋器攪拌蛋黃，輕輕攪拌直到發泡、出現黏稠的狀態。

2 一邊倒入烏龍茶茶湯進麵糊內，加入的同時用濾網過濾，攪拌均勻。接著加入過篩過的低筋麵粉，與茶湯、蛋液混合至沒有粉粒的狀態。持續用打蛋器攪拌約 20〜30 次，使麵糊出現光澤感，最後加入切碎的荔枝乾並翻拌麵糊。

製作蛋白霜

1 使用手持攪拌機（低速）打散蛋白。以切拌的方式打發蛋白至呈泡沫狀，再加入一半份量的蔗糖和鹽。

2 切換至高速模式，當盆裡的蛋白起泡成為蓬鬆的狀態時，加入剩下的蔗糖持續打發。

3 持續攪拌至開始出現光滑的細緻感，攪拌機頭部帶出微微下垂的彎曲狀即可。

混合蛋黃麵糊與蛋白霜

1 將一半份量的蛋白霜加入裝有麵糊的攪拌盆內，使用打蛋器確實攪拌。

2 攪拌均勻後，倒回裝有蛋白霜的攪拌盆內拌勻。

3 使用打蛋器從底部往上翻拌的方式，讓麵糊和蛋白霜能夠混合均勻。以較大的幅度翻拌麵糊，使麵糊可以穿過打蛋器自然抖落，可以降低消泡的情形。

4 混合均勻後，改用矽膠刮刀翻拌約 30〜50 次，使其呈現細緻的狀態。

將麵糊倒入烤模

1 從稍微高一點的位置將麵糊倒入烤模內，固定於某一點緩緩倒入，讓麵糊可以平均流入烤模內。

2 使用刮刀等器具讓倒入的麵糊可以平整地推延至烤模邊緣，才能烤成均等高度的蛋糕；為了避免烘烤時麵糊溢出，請將沾黏至邊緣的麵糊擦拭乾淨；接著雙手按緊中央凸起的部分，舉起烤模從約 5cm 的高度往檯面「咚咚」兩下輕輕敲扣，使麵糊可以均勻填滿。

3 放入預熱過的烤箱，烘烤約 25〜28 分鐘。烘烤至蛋糕表面呈現蓬鬆的狀態並連裂痕也有上色即可。取出時小心不要燙傷，將蛋糕倒扣在網架上冷卻。

檸檬罌粟籽戚風蛋糕

顆粒口感的罌粟籽替整個蛋糕畫龍點睛，
和檸檬的香氣與酸味融為一體。
可以加入一些泡打粉讓蛋糕體變得更蓬鬆。

材料〔直徑 17cm 的戚風蛋糕烤模〕

雞蛋 … 4顆
上白糖 … 70g
鹽 … 1小撮
低筋麵粉 … 80g
檸檬皮（無蠟）… 1顆份
罌粟籽（藍罌粟花）… 20g

A ┌ 檸檬汁* … 30g
  │ 原味優格（無糖）… 30g
  └ 沙拉油 … 40g

＊檸檬汁會妨礙蛋白霜和麵糊的結合，不放泡打粉也沒問題，加
　入1/2小匙泡打粉混合的話，可以防止烘烤過程中麵糊液態化，
　導致無法膨發。

事前準備

◎ 準備兩個調理盆，將蛋黃與蛋白分離。
◎ 將蛋白放入冷藏庫內確實冷卻。
◎ 將低筋麵粉過篩備用。
◎ 將A拌勻後加熱（請注意煮到沸騰，可能會
　油水分離）。
◎ 烤箱請預熱至180℃。
◎ 事先用刨刀將檸檬的
　黃色表皮削成皮屑狀。

製作方法

製作蛋黃麵糊

1　使用打蛋器攪拌蛋黃，輕輕攪拌直到其發泡、出現黏稠的狀態。

2　加入 **A** 攪拌均勻。

3　加入過篩過的低筋麵粉、削過的檸檬皮屑和罌粟籽，與蛋液混合至沒有粉粒
　的狀態。持續用打蛋器攪拌約 20～30 次，使麵糊出現光澤感。

製作蛋白霜

1　使用手持攪拌機（低速）打散蛋白。以切拌的方式打發蛋白至呈泡沫狀，加入
　一半份量的上白糖和鹽。

2　切換至高速模式，當盆裡的蛋白起泡成為白色蓬鬆的狀態時，加入剩下的上
　白糖持續打發。

3　持續攪拌至開始出現光滑的細緻感，攪拌機頭部帶出微微下垂的彎曲狀即可。

混合蛋黃麵糊與蛋白霜

1　將一半份量的蛋白霜加入裝有麵糊的攪拌盆內，使用打蛋器確實攪拌。

2　攪拌均勻後，倒回裝有蛋白霜的攪拌盆內拌勻。

3　使用打蛋器從底部往上翻拌的方式，讓麵糊和蛋白霜能夠混合均勻。以較大
　的幅度翻拌麵糊，使麵糊可以穿過打蛋器自然抖落，可以降低消泡的情形。

4　混合均勻後，改用矽膠刮刀翻拌約 30～50 次，使其呈現細緻的狀態。

將麵糊倒入烤模

1　從稍微高一點的位置將麵糊倒入烤模內，固定於某一點緩緩倒入，讓麵糊可
　以平均流入烤模內。

2　使用刮刀等器具讓倒入的麵糊可以平整地推延至烤模邊緣，才能烤成均等高
　度的蛋糕；為了避免烘烤時麵糊溢出，請將沾黏上邊緣的麵糊擦拭乾淨；接
　著雙手按緊中央凸起的部分，舉起烤模從約 5cm 的高度往檯面「咚咚」兩下
　輕輕敲扣，使麵糊可以均勻填滿。

3　放入預熱過的烤箱，烘烤約 25～28 分鐘。烘烤至蛋糕表面呈現蓬鬆的狀態
　並連裂痕也有上色即可。取出時小心不要燙傷，將蛋糕倒扣在網架上冷卻。

＊譯註：罌粟籽在台灣採嚴格管制，列定為管制項目無法取得。建議可用其他相似食材替代罌粟籽。

紅蘿蔔杯子戚風蛋糕

適合當作點心給小朋友吃的一款杯子款戚風蛋糕。
運用紅蘿蔔的糖分，減少砂糖的用量。

材料〔直徑5cm的馬芬蛋糕烤模 × 7～8個份〕

雞蛋 … 3顆
蔗糖 … 30g
鹽 … 1小撮
低筋麵粉 … 50g
肉桂粉（或是個人喜好的香料）… 少許
紅蘿蔔（刨絲）… 80g（磨成泥的話70g）
核桃 … 20g
A ┌ 原味優格（無糖）… 20g
　└ 沙拉油 … 20g

＊蛋糕杯可用高度較高、可直接放入烤箱的自立型烤模為佳。

事前準備

◎ 準備兩個調理盆，將蛋黃與蛋白分離。
◎ 將蛋白放入冷藏庫內確實冷卻。
◎ 將低筋麵粉過篩備用。
◎ 紅蘿蔔請用刨起司絲器刨成絲。如果沒有刨絲器，亦可用磨泥器，請準備70g的蘿蔔泥。
◎ 將核桃切成3mm的塊狀。
◎ 將A拌勻後加熱（請注意煮到沸騰，可能會油水分離）。
◎ 烤箱請預熱至180℃。

製作方法

製作 蛋黃麵糊		
	1	使用打蛋器攪拌蛋黃，輕輕攪拌直到其發泡、出現黏稠的狀態。
	2	加入 **A** 攪拌均勻。
	3	加入過篩過的低筋麵粉和肉桂粉，與蛋液混合至沒有粉粒的狀態。持續用打蛋器攪拌約20～30次，使麵糊出現光澤感。最後加入紅蘿蔔絲翻拌。
製作 蛋白霜	*1*	使用手持攪拌機（低速）打散蛋白。以切拌的方式打發蛋白至呈泡沫狀，再加入一半份量的蔗糖和鹽。
	2	切換至高速模式，當盆裡的蛋白起泡成為白色蓬鬆的狀態時，加入剩下的蔗糖持續打發。
	3	持續攪拌至開始出現光滑的細緻感，攪拌機頭部帶出微微下垂的彎曲狀即可。
混合 蛋黃麵糊與 蛋白霜	*1*	將一半份量的蛋白霜加入裝有麵糊的攪拌盆內，使用打蛋器確實攪拌。
	2	攪拌均勻後，倒回裝有蛋白霜的攪拌盆內拌勻。
	3	使用打蛋器從底部往上翻拌的方式，讓麵糊和蛋白霜能夠混合均勻。以較大的幅度翻拌麵糊，使麵糊可以穿過打蛋器自然抖落，可以降低消泡的情形。
	4	混合均勻後，改用矽膠刮刀翻拌約30～50次，使其呈現細緻的狀態。
將麵糊倒入 杯子烤模	*1*	將麵糊均等地倒入烤模內，再撒上核桃。
	2	抓住烤模兩端往檯面「咚咚」兩下輕輕敲扣，使麵糊可以均勻填滿烤模。
	3	排列於烤盤上，放入預熱過的烤箱烘烤約18～20分鐘。烘烤至蛋糕表面上色，連同烤盤取出放在網架上冷卻。

Moist
& Chewy

Q彈口感的戚風蛋糕

∞

□ 一開始在低筋麵粉內混入油脂和水分，加水後麵粉會吸水膨脹，吃起來會更有彈性。由於乳化的作用，也使得蛋黃麵糊變得濃稠帶有光澤。此外，在加入液體攪拌的時候，撒入一些鹽能大幅強化麵筋的結構。

□ 液體的部分，因為加入了優格，烘烤完成會形成較為濕潤的質地。

□ 藉由少量的牛奶可以中和優格的質感與酸味。

□ 在沒有氣泡、帶有黏性和水分的麵糊內再加入強韌的蛋白霜，會變得難以混合。不停攪拌則會導致蛋白霜的氣泡消失，因此在打蛋白霜時就要加入全部的砂糖，打發至攪拌機頭部帶出維持形狀且彎曲的狀態即可。

基本款的 Q 彈口感
戚風蛋糕

製作Q彈口感的戚風蛋糕，重點在於將麵粉類與其它液體類攪拌後，
稍微靜置讓麵粉內的麩質形成麵筋，能讓蛋糕的組織更紮實、
吃起來更Q彈。打發出輕盈起泡的蛋白霜，
更容易與蛋黃麵糊混合為一體。

材料〔直徑 17cm 的戚風蛋糕烤模〕

雞蛋 … 4顆　　　　A｜原味優格(無糖) … 50g
上白糖 … 60g　　　　｜牛奶 … 15g
低筋麵粉 … 70g　　　｜沙拉油 … 20g
鹽 … 1小撮

事前準備

◎ 準備兩個調理盆，將蛋黃與蛋白分離。
◎ 將蛋白放入冷藏庫內確實冷卻。
◎ 將低筋麵粉過篩備用。
◎ 烤箱請預熱至180℃。

製作方法

製作蛋黃麵糊

1 在調理盆內加入過篩過的低筋麵
粉、鹽、**A**〔ⓐ〕。使用刮刀攪拌至
沒有粉粒的狀態〔ⓑ、ⓒ〕。將調
理盆覆蓋上保鮮膜靜置 15 分鐘，
使麵粉可以吸收液體並產生麵筋
〔ⓓ〕。

2 加入蛋黃，使用打蛋器混合〔ⓔ〕。
攪拌至直到開始出現濃稠狀、有光
澤的滑順質地〔ⓕ〕。

製作蛋白霜

1 使用手持攪拌機（低速）打散蛋白。以切拌的方式打發蛋白至呈泡沫狀〔ⓐ〕。

2 加入全部的上白糖〔ⓑ〕，切換至高速模式持續打發至呈現柔韌且帶有細緻感的蛋白霜狀〔ⓒ〕。

3 蛋白霜開始出現光滑的細緻感和蓬鬆的狀態時，攪拌機頭部帶出微微下垂的彎曲狀即可〔ⓓ〕。

混合蛋黃麵糊與蛋白霜

1 將一半份量的蛋白霜加入裝有麵糊的攪拌盆內，使用打蛋器確實攪拌。

2 攪拌均勻後，倒回裝有蛋白霜的攪拌盆內拌勻（如圖示）。

3 使用打蛋器從底部往上翻拌的方式，讓麵糊和蛋白霜能夠混合均勻。以較大的幅度翻拌麵糊，使麵糊可以穿過打蛋器自然抖落，可以降低消泡的情形。

4 混合均勻後，改用矽膠刮刀翻拌約 20～30 次，使其呈現細緻的狀態。

將麵糊倒入烤模

1 從稍微高一點的位置將麵糊倒入烤模內，固定於某一點緩緩倒入（如圖示），讓麵糊可以平均流入烤模。

2 使用刮刀等器具讓倒入的麵糊可以平整地推延至烤模邊緣，才能烤成均等高度的蛋糕；為了避免烘烤時麵糊溢出，請將沾黏至邊緣的麵糊擦拭乾淨；接著雙手按緊中央凸起的部分，舉起烤模從約 5cm 的高度往檯面「咚咚」兩下輕輕敲扣，使麵糊可以均勻填滿。

3 放入預熱過的烤箱，烘烤約 28～30 分鐘。烘烤至蛋糕表面呈現蓬鬆的質感並連裂痕也有上色即可。取出時小心不要燙傷，將蛋糕倒扣在網架上冷卻。

80s flour

one pinch salt

100s banana

40s yogurt

oil

香蕉戚風蛋糕
» p.69

香蕉戚風蛋糕

建議使用熟透的香蕉，如果手邊只有綠香蕉的話，
放進微波爐加熱1分鐘再使用。
吃得到香蕉的甘甜香氣，任誰都會喜歡的一款戚風蛋糕。

材料〔直徑17cm的戚風蛋糕烤模〕

雞蛋 … 4顆
蔗糖 … 60g
低筋麵粉 … 80g
鹽 … 1小撮
香蕉(約1條) … 100g
A「原味優格(無糖) … 40g
　└ 沙拉油 … 120g

事前準備

◎ 準備兩個調理盆，將蛋黃與蛋白分離。
◎ 將蛋白放入冷藏庫內確實冷卻。
◎ 將低筋麵粉過篩備用。
◎ 烤箱請預熱至180℃。

製作方法

製作 蛋黃麵糊	
1	將剝皮過的香蕉放入調理盆，使用矽膠刮刀搗爛〔ⓐ〕。
2	加入過篩的低筋麵粉、鹽與 **A**。再次用矽膠刮刀一邊搗爛，一邊與其它食材攪拌至沒有粉粒的狀態〔ⓑ、ⓒ〕，調理盆覆蓋上保鮮膜靜置15分鐘，使麵粉可以吸收液體並產生麵筋。
3	加入蛋黃，使用打蛋器混合。攪拌至直到開始出現濃稠狀、有光澤的滑順質地。

製作 蛋白霜	
1	使用手持攪拌機(低速)打散蛋白。以切拌的方式打發蛋白至呈泡沫狀。
2	加入全部的蔗糖，切換至高速模式持續打發至呈現柔韌且帶有細緻感的蛋白霜狀。
3	蛋白霜開始出現光滑的細緻感和蓬鬆的狀態時，攪拌機頭部帶出微微下垂的彎曲狀即可。

混合 蛋黃麵糊與 蛋白霜	
1	將一半份量的蛋白霜加入裝有麵糊的攪拌盆內，使用打蛋器確實攪拌。
2	攪拌均勻後，倒回裝有蛋白霜的攪拌盆內拌勻。
3	使用打蛋器從底部往上翻拌的方式，讓麵糊和蛋白霜能夠混合均勻。以較大的幅度翻拌麵糊，使麵糊可以穿過打蛋器自然抖落，可以降低消泡的情形。
4	混合均勻後，改用矽膠刮刀翻拌約20～30次，使其呈現細緻的狀態。

將麵糊 倒入烤模	
1	從稍微高一點的位置將麵糊倒入烤模內，固定於某一點緩緩倒入，讓麵糊可以平均流入烤模內。
2	使用刮刀等器具讓倒入的麵糊可以平整地推延至烤模邊緣，才能烤成均等高度的蛋糕；為了避免烘烤時麵糊溢出，請將沾黏至邊緣的麵糊擦拭乾淨；接著雙手按緊中央凸起的部分，舉起烤模從約5cm的高度往檯面「咚咚」兩下輕輕敲扣，使麵糊可以均勻填滿。
3	放入預熱過的烤箱，烘烤約28～30分鐘。烘烤至蛋糕表面呈現蓬鬆的質感並連裂痕也有上色即可。取出時小心不要燙傷，將蛋糕倒扣在網架上冷卻。

鳳梨羅勒戚風蛋糕

鳳梨與羅勒的嶄新組合，
創造出意想不到會讓人上癮的美味，
帶來新的味覺感受。依照自己喜好的食材，
發掘出新的口味，也是料理的趣味之一。

材料〔直徑17cm的戚風蛋糕烤模〕

雞蛋 … 4顆	A ┌ 原味優格（無糖）… 50g
上白糖 … 60g	│ 牛奶 … 15g
低筋麵粉 … 70g	└ 沙拉油 … 20g
鹽 … 1小撮	
鳳梨乾 … 40g	
羅勒葉 … 4～5片	

事前準備

◎ 準備兩個調理盆，將蛋黃與蛋白分離。
◎ 將蛋白放入冷藏庫內確實冷卻。
◎ 將低筋麵粉過篩備用。
◎ 將鳳梨乾切成3mm的塊狀。
◎ 烤箱請預熱至180℃。

製作方法

製作蛋黃麵糊

1. 在調理盆內加入過篩過的低筋麵粉、鹽、A。使用刮刀攪拌至沒有粉粒的狀態，將調理盆覆蓋上保鮮膜靜置15分鐘，使麵粉可以吸收液體並產生麵筋。
2. 加入蛋黃和切碎的鳳梨乾，使用打蛋器混合。攪拌至直到開始出現濃稠狀、有光澤的滑順質地。

製作蛋白霜

1. 使用手持攪拌機（低速）打散蛋白。以切拌的方式打發蛋白至呈泡沫狀。
2. 加入全部的上白糖，切換至高速模式持續打發至呈現柔韌且帶有細緻感的蛋白霜。
3. 蛋白霜開始出現光滑的細緻感和蓬鬆的狀態時，攪拌機頭部帶出微微下垂的彎曲狀即可。

混合蛋黃麵糊與蛋白霜

1. 將一半份量的蛋白霜加入裝有麵糊的攪拌盆內，使用打蛋器確實攪拌。
2. 攪拌均勻後，倒回裝有蛋白霜的攪拌盆內拌勻。
3. 使用打蛋器從底部往上翻拌的方式，讓麵糊和蛋白霜能夠混合均勻。以較大的幅度翻拌麵糊，使麵糊可以穿過打蛋器自然抖落，可以降低消泡的情形。
4. 混合均勻後，改用矽膠刮刀翻拌約20～30次，使其呈現細緻的狀態。將羅勒葉撕碎加入，以翻拌的方式拌勻。

將麵糊倒入烤模

1. 從稍微高一點的位置將麵糊倒入烤模內，固定於某一點緩緩倒入，讓麵糊可以平均流入烤模內。
2. 使用刮刀等器具讓倒入的麵糊可以平整地推延至烤模邊緣，才能烤成均等高度的蛋糕；為了避免烘烤時麵糊溢出，請將沾黏至邊緣的麵糊擦拭乾淨；接著雙手按緊中央凸起的部分，舉起烤模從約5cm的高度往檯面「咚咚」兩下輕輕敲扣，使麵糊可以均勻填滿。
3. 放入預熱過的烤箱，烘烤約28～30分鐘。烘烤至蛋糕表面呈現蓬鬆的質感並連裂痕也有上色即可。取出時小心不要燙傷，將蛋糕倒扣在網架上冷卻。

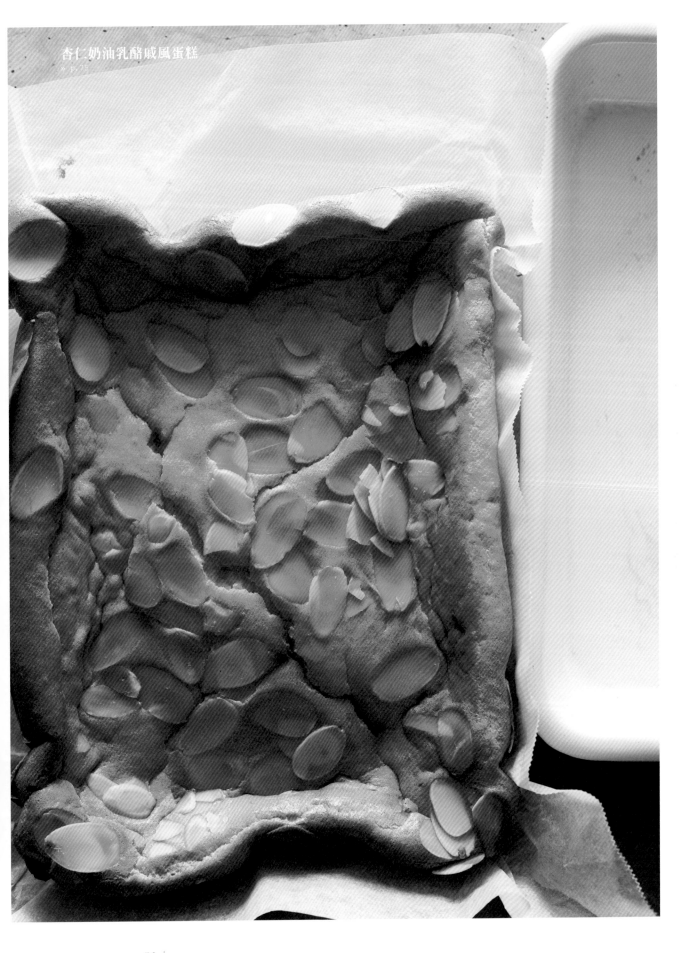

南瓜杯子戚風蛋糕

蒸熟後南瓜自然生成的甘甜美味，
溫醇的口感會讓吃到的人感覺到幸福的滋味。
也可以用地瓜替代南瓜製作。

材料〔直徑5cm的馬芬蛋糕烤模×7～8個份〕

雞蛋 … 3顆
上白糖 … 40g
低筋麵粉 … 50g
鹽 … 1小撮

南瓜 … 100g（去皮後的重量）
A┌原味優格（無糖）… 30g
 │牛奶 … 10g
 └沙拉油 … 15g

事前準備

◎ 準備兩個調理盆，將蛋黃與蛋白分離。
◎ 將蛋白放入冷藏庫內確實冷卻。
◎ 將低筋麵粉過篩備用。
◎ 烤箱請預熱至180℃。

＊馬芬蛋糕烤模建議使用高度較高、可以直接放入烤箱
　的自立型紙模款式為佳。

製作方法

**製作
蛋黃麵糊**

1　挖出南瓜中間的瓜瓤，切成5cm的大小放進耐熱容器。撒上1大匙的水，覆蓋上保鮮膜放入微波爐以600w加熱2分鐘。稍微降溫後將南瓜肉從表皮刮取，南瓜皮則切成3mm的細丁備用（如圖示）。

2　在調理盆內加入A，使用刮刀翻拌混合。將刮下的南瓜肉、過篩後的低筋麵粉、鹽加入調理盆內，使用刮刀等器具將南瓜搗碎並攪拌至沒有粉粒的狀態。將調理盆覆蓋上保鮮膜靜置15分鐘，使麵粉可以吸收液體並產生麵筋。

**製作
蛋白霜**

1　使用手持攪拌機（低速）打散蛋白。以切拌的方式打發蛋白至呈泡沫狀。

2　加入全部的上白糖，切換至高速模式持續打發至呈現柔韌且帶有細緻感的蛋白霜。

3　蛋白霜開始出現光滑的細緻感和蓬鬆的狀態時，攪拌機頭部帶出微微下垂的彎曲狀即可。

**混合
蛋黃麵糊與
蛋白霜**

1　將一半份量的蛋白霜加入裝有麵糊的攪拌盆內，使用打蛋器確實攪拌。

2　攪拌均勻後，倒回裝有蛋白霜的攪拌盆內拌勻。

3　使用打蛋器從底部往上翻拌的方式，讓麵糊和蛋白霜能夠混合均勻。以較大的幅度翻拌麵糊，使麵糊可以穿過打蛋器自然抖落，可以降低消泡的情形。

4　混合均勻後，改用矽膠刮刀翻拌約20～30次，使其呈現細緻的狀態。加入切好的南瓜皮，以翻拌的方式拌勻。

**將麵糊倒入
杯子烤模**

1　均勻地將麵糊倒入杯內，抓住杯子兩端於檯面上輕敲兩下，讓麵糊平均分散。

2　排列在烤盤上，放入預熱過的烤箱烘烤18～20分鐘。

3　烘烤到表面上色後，連同烤盤放置於網架上冷卻。

杏仁奶油乳酪戚風蛋糕

使用烤盤製作的一款戚風蛋糕。
雞蛋放的份量比較少，取而代之，放入多一點的奶油乳酪。
由於戚風蛋糕會膨脹，烘焙紙請鋪大張一點。

材料〔16×21×高3cm的烤盤〕

雞蛋 … 2顆
上白糖 … 40g
低筋麵粉 … 50g
鹽 … 1小撮
奶油乳酪 … 100g
杏仁片 … 20g

A ┌ 牛奶 … 30g
　├ 沙拉油 … 20g
　└ 檸檬汁 … 10g

事前準備

◎ 準備兩個調理盆，將蛋黃與蛋白分離。
◎ 將蛋白放入冷藏庫內確實冷卻。
◎ 將低筋麵粉過篩備用。
◎ 奶油乳酪回復至室溫備用。
◎ 在烤盤上鋪上較大面積的烘焙紙（約是從側面多出
　3～4cm的程度即可）。
◎ 烤箱請預熱至170℃。

製作方法

**製作
蛋黃麵糊**

1　在調理盆內加入 **A**，再加入過篩過的低筋麵粉、鹽、奶油乳酪。使用刮刀一邊搗爛奶油乳酪一邊來回攪拌均勻至沒有粉粒的狀態，將調理盆覆蓋上保鮮膜靜置15分鐘，使麵粉可以吸收液體並產生麵筋。

2　加入蛋黃，使用打蛋器混合。攪拌至直到開始出現濃稠狀、有光澤的滑順質地。

**製作
蛋白霜**

1　使用手持攪拌機（低速）打散蛋白。以切拌的方式打發蛋白至呈泡沫狀。

2　加入全部的上白糖，切換至高速模式持續打發至呈現柔韌且帶有細緻感的蛋白霜。

3　蛋白霜開始出現光滑的細緻感和蓬鬆的狀態時，攪拌機頭部帶出微微下垂的彎曲狀即可。

**混合
蛋黃麵糊與
蛋白霜**

1　將一半份量的蛋白霜加入裝有麵糊的攪拌盆內，使用打蛋器確實攪拌。

2　攪拌均勻後，倒回裝有蛋白霜的攪拌盆內拌勻。

3　使用打蛋器從底部往上翻拌的方式，讓麵糊和蛋白霜能夠混合均勻。以較大的幅度翻拌麵糊，使麵糊可以穿過打蛋器自然抖落，可以降低消泡的情形。

4　混合均勻後，改用矽膠刮刀翻拌約20～30次，使其呈現細緻的狀態。

**將麵糊
倒入烤盤**

1　從稍微高一點的位置將麵糊倒入烤盤內，固定於某一點緩緩倒入〔ⓐ〕，讓麵糊可以平均流入烤盤內。

2　舉起烤盤從約5cm的高度往檯面「咚咚」兩下輕輕敲扣，使麵糊可以均勻填滿〔ⓑ〕，將表面推平後撒上杏仁片〔ⓒ〕。

3　放入預熱過的烤箱，烘烤約28～30分鐘。連同烤盤放在網架上冷卻。放入冰箱冷藏過後再食用也很不錯。

甘酒櫻戚風蛋糕

利用櫻花的鹹味和香氣替這款蛋糕增添不同的味覺感受。
由於是使用米穀粉製作，吃起來是紮實Q彈的口感。
如果要使用低筋麵粉製作的話，份量可以稍微減少一些。

材料〔直徑17cm的戚風蛋糕烤模〕

雞蛋 … 4顆
蔗糖 … 40g
米穀粉 … 85g（或是低筋麵粉 … 70g）
鹽漬櫻花 … 30g
A┌甘酒 … 80g
　└沙拉油 … 30g

事前準備

◎ 準備兩個調理盆，將蛋黃與蛋白分離。
◎ 將蛋白放入冷藏庫內確實冷卻。
◎ 將米穀粉過篩備用。
◎ 烤箱預熱至170℃。

製作方法

製作蛋黃麵糊

1　將鹽漬櫻花浸泡在水裡10分鐘去除鹹味〔ⓐ〕。拭乾後去除掉莖部較硬的部分，將花分成一朵一朵〔ⓑ〕。

2　在調理盆內加入過篩的米穀粉、1的鹽漬櫻花以及 **A** 攪拌均勻。攪拌均勻至沒有粉粒的狀態，將調理盆覆蓋上保鮮膜靜置15分鐘，使米穀粉可以吸收液體並產生麵筋。

製作蛋白霜

1　使用手持攪拌機（低速）打散蛋白。以切拌的方式打發蛋白至呈泡沫狀。

2　加入全部的蔗糖，切換至高速模式持續打發至呈現柔韌且帶有細緻感的蛋白霜。

3　蛋白霜開始出現光滑的細緻感和蓬鬆的狀態時，攪拌機頭部帶出微微下垂的彎曲狀即可。

混合蛋黃麵糊與蛋白霜

1　將一半份量的蛋白霜加入裝有麵糊的攪拌盆內，使用打蛋器確實攪拌。

2　攪拌均勻後，倒回裝有蛋白霜的攪拌盆內拌勻。

3　使用打蛋器從底部往上翻拌的方式，讓麵糊和蛋白霜能夠混合均勻。以較大的幅度翻拌麵糊，使麵糊可以穿過打蛋器自然抖落，可以降低消泡的情形。

4　混合均勻後，改用矽膠刮刀翻拌約30～50次，使其呈現細緻的狀態。

將麵糊倒入烤模

1　從稍微高一點的位置將麵糊倒入烤模內，固定於某一點緩緩倒入，讓麵糊可以平均流入烤模內。

2　使用刮刀等器具讓倒入的麵糊可以平整地推延至烤模邊緣，才能烤成均等高度的蛋糕；為了避免烘烤時麵糊溢出，請將沾黏至邊緣的麵糊擦拭乾淨；接著雙手按緊中央凸起的部分，舉起烤模從約5cm的高度往檯面「咚咚」兩下輕輕敲扣，使麵糊可以均勻填滿。

3　放入預熱過的烤箱，烘烤約28～30分鐘。烘烤至蛋糕表面呈現蓬鬆的質感並連裂痕也有上色即可。取出時小心不要燙傷，將蛋糕倒扣在網架上冷卻。

Various

各式各樣的戚風蛋糕

∞

□ 在前面的章節，我們介紹了三種口感：蓬鬆、濕潤與 Q
　彈的戚風蛋糕。接下來，我們會運用三種口感的基本款
　戚風蛋糕爲基底，延伸出不同風味的戚風蛋糕。

□ 在這個章節你會學習到製作大理石紋路的摩卡戚風蛋糕、
　只用蛋黃製作的黃金蛋黃戚風蛋糕，以及只用蛋白製作
　的天使戚風蛋糕。還有將融化的巧克力混入麵糊裡，所
　製作的巧克力磅蛋糕式戚風蛋糕、可以品嚐到麵包香氣
　與 Q 彈口感，經過發酵的麵糊所製作的戚風蛋糕等等。
　各式各樣的風味與口感，都將在這個章節一一介紹，歡
　迎來體驗變化萬千的戚風蛋糕。

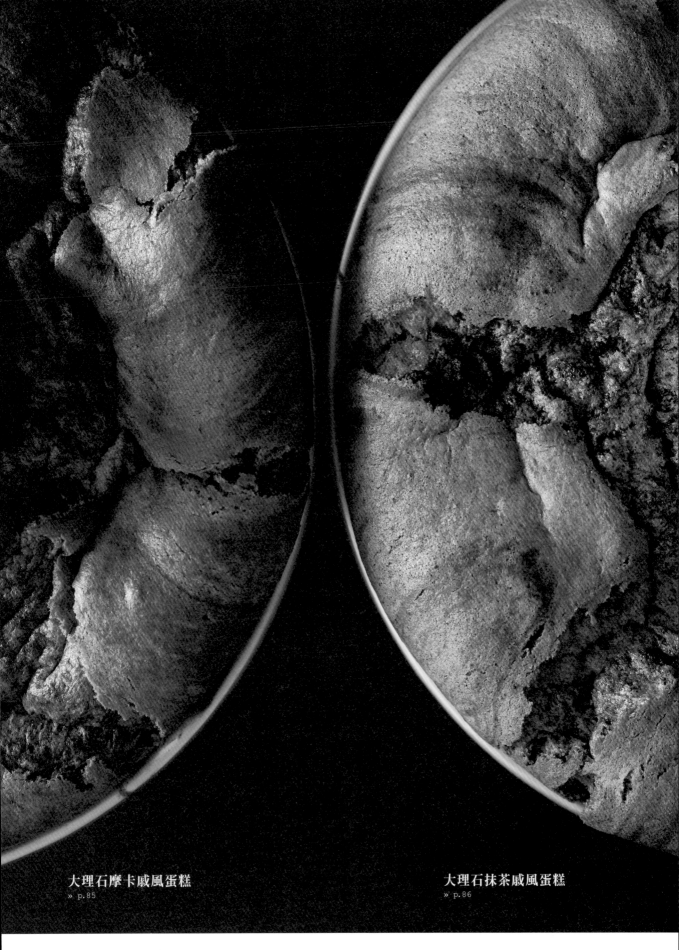

大理石摩卡戚風蛋糕
» p.85

大理石抹茶戚風蛋糕
» p.86

大理石摩卡戚風蛋糕

為了做出美麗大理石紋路的戚風蛋糕，
不要將麵糊與可可過度攪拌是製作重點。
蛋糕究竟會形成怎樣的模樣，
一切都要在脫模後才會知道。
是不是很讓人期待呢？

材料〔直徑17cm的戚風蛋糕烤模〕　　　　　　　　　事前準備

雞蛋 … 4顆　　　　C┌可可粉 … 10g　　　◎ 準備兩個調理盆，將蛋黃與蛋白分離。
上白糖 … 70g　　　　│即溶咖啡 … 4g　　　◎ 將蛋白放入冷藏庫內確實冷卻。
鹽 … 1小撮　　　　　└熱水 … 20g　　　　　◎ 將A的粉類混合過篩備用。
A┌低筋麵粉 … 70g　　　　　　　　　　　◎ 烤箱請預熱至180℃。
　└泡打粉 … 1小撮　　　　　　　　　　　◎ 將C放入小的調理盆內混合均勻。
B┌牛奶 … 40g
　│蘭姆酒（或是水）… 15g
　└沙拉油 … 30g

製作方法

製作
蛋黃麵糊

1　使用打蛋器攪拌蛋黃，加入一半份量的上白糖，將蛋黃與上白糖仔細拌勻至泛白的狀態。

2　將 B 加入攪拌均勻。

3　加入過篩後的 A，與蛋液混合至沒有粉粒的狀態。持續用打蛋器攪拌約 20～30 次，使麵糊出現光澤感。

製作
蛋白霜

1　使用手持攪拌機（低速）打散蛋白。加入剩下上白糖的一半份量和鹽，以切拌的方式打發蛋白至呈泡沫狀。

2　切換至高速模式，當盆裡的蛋白起泡呈現白色蓬鬆的狀態時，加入剩下的上白糖持續打發。

3　蛋白霜開始出現光滑的細緻感，攪拌機頭部帶出微微下垂的彎曲狀，再次轉換至低速模式，繼續打發約 20～30 秒，使其呈現更細緻的質感。

製作
大理石麵糊

1　將一半份量的蛋白霜加入裝有麵糊的調理盆內，使用打蛋器確實攪拌。

2　攪拌均勻後，倒回裝有蛋白霜的調理盆內拌勻。

3　使用打蛋器從底部往上翻拌的方式，讓麵糊和蛋白霜能夠混合均勻。以較大的幅度翻拌麵糊，使麵糊可以穿過打蛋器自然抖落，可以降低消泡的情形。

4　混合均勻後，改用矽膠刮刀翻拌約 15～20 次，使其呈現細緻的狀態。

5　將 4 約 1/4 份量的麵糊加入 C 的調理盆內，製作成可可麵糊〔ⓐ、ⓑ〕。

6　將 5 的可可麵糊倒回 4 內，再用刮刀翻拌 2～3 次，大致混合即可〔ⓒ、ⓓ〕。切勿混合太過均勻而產生過細的花紋，會使兩種麵糊在倒入烤模後，花紋不夠明顯。

將麵糊
倒入烤模

1　從稍微高一點的位置將麵糊倒入烤模內，固定於某一點緩緩倒入〔ⓔ〕，讓麵糊可以平均流入烤模內。

2　使用刮刀等器具讓倒入的麵糊可以平整地推延至烤模邊緣，才能烤成均等高度的蛋糕；為了避免烘烤時麵糊溢出，請將沾黏至邊緣的麵糊擦拭乾淨；接著雙手按緊中央凸起的部分，舉起烤模從約 5cm 的高度往檯面「咚咚」兩下輕輕敲扣，使麵糊可以均勻填滿。

3　放入預熱過的烤箱，烘烤約 25～28 分鐘。烘烤至蛋糕表面呈現蓬鬆的質感並連裂痕也有上色即可。取出時小心不要燙傷，將蛋糕倒扣在網架上冷卻。

大理石抹茶戚風蛋糕

在抹茶大理石蛋糕內加入甘納豆，就是一款充滿日式風味的戚風蛋糕。
吃得到抹茶微微的苦味與香氣，混搭著甘納豆的甜美讓人驚喜連連。

材料〔直徑17cm的戚風蛋糕烤模〕

			事前準備
雞蛋 … 4顆	A	低筋麵粉 … 70g	
上白糖 … 70g		泡打粉 … 1小撮	
鹽 … 1小撮	B	牛奶 … 50g	
甘納豆（紅豆）… 40g		沙拉油 … 30g	
	C	抹茶 … 10g	
		熱水 … 30g	

事前準備

◎ 準備兩個調理盆，將蛋黃與蛋白分離。
◎ 將蛋白放入冷藏庫內確實冷卻。
◎ 將A的粉類混合過篩備用。
◎ 將C放入小的調理盆內混合均勻備用。
◎ 烤箱請預熱至180℃。

製作方法

**製作
蛋黃麵糊**

1　使用打蛋器攪拌蛋黃，加入一半份量的上白糖，將蛋黃與上白糖仔細拌勻至泛白的狀態。

2　將 **B** 加入攪拌均勻。

3　加入過篩後的 **A**，與蛋液混合至沒有粉粒的狀態。持續用打蛋器攪拌約 20～30 次，使麵糊出現光澤感。最後再將甘納豆加進麵糊內。

**製作
蛋白霜**

1　使用手持攪拌機（低速）打散蛋白。以切拌的方式打發蛋白至呈泡沫狀，加入剩下上白糖的一半份量和鹽。

2　切換至高速模式，當盆裡的蛋白起泡呈現白色蓬鬆的狀態時，加入剩下的上白糖持續打發。

3　蛋白霜開始出現光滑的細緻感，攪拌機頭部帶出微微下垂的彎曲狀，再次切換至低速模式，繼續打發約 20～30 秒，使其呈現更細緻的質感。

**製作
大理石麵糊**

1　將一半份量的蛋白霜加入裝有麵糊的攪拌盆內，使用打蛋器確實攪拌。

2　攪拌均勻後，倒回裝有蛋白霜的攪拌盆內拌勻。

3　使用打蛋器從底部往上翻拌的方式，讓麵糊和蛋白霜能夠混合均勻。以較大的幅度翻拌麵糊，使麵糊可以穿過打蛋器自然抖落，可以降低消泡的情形。

4　混合均勻後，改用矽膠刮刀翻拌約 15～20 次，使其呈現細緻的狀態。

5　將 4 約 1/4 份量的麵糊加入 C 的調理盆內，製作成抹茶麵糊。

6　將 5 的抹茶麵糊倒回 4 內，用刮刀翻拌 2～3 次，大致混合即可。切勿混合太過均勻而產生過細的花紋，會使兩種麵糊在倒入烤模後，花紋不夠明顯。

**將麵糊
倒入烤模**

1　從稍微高一點的位置將麵糊倒入烤模內，固定於某一點緩緩倒入，讓麵糊可以平均流入烤模內。

2　使用刮刀等器具讓倒入的麵糊可以平整地推延至烤模邊緣，才能烤成均等高度的蛋糕；爲了避免烘烤時麵糊溢出，請將沾黏至邊緣的麵糊擦拭乾淨；接著雙手按緊中央凸起的部分，舉起烤模從約 5cm 的高度往檯面「咚咚」兩下輕輕敲扣，使麵糊可以均勻填滿。

3　放入預熱過的烤箱，烘烤約 25～28 分鐘。烘烤至蛋糕表面呈現蓬鬆的質感並連裂痕也有上色即可。取出時小心不要燙傷，將蛋糕倒扣在網架上冷卻。

黃金蛋黃戚風蛋糕
» p.90

天使戚風蛋糕
» p.92

黃金蛋黃戚風蛋糕

只使用蛋黃所製作的戚風蛋糕，宛如蜂蜜蛋糕般的濃厚香氣。由於只有加蛋黃，外觀會不若一般的戚風蛋糕來的蓬鬆。

材料〔直徑17cm的戚風蛋糕烤模〕

雞蛋 … 6顆（100～110g）
上白糖 … 50g
低筋麵粉 … 40g
玉米粉（或是太白粉）… 15g
A ┌ 牛奶 … 30g
  │ 無鹽奶油 … 50g（或是沙拉油 … 40g）
  └ 蜂蜜 … 20g

事前準備

◎ 將低筋麵粉與玉米粉混合後過篩備用。
◎ 將A加熱，使奶油融化。
◎ 烤箱請預熱至170℃。

製作方法

1 在調理盆內加入蛋黃和上白糖，使用手持攪拌機（低速）打散〔ⓐ〕。切換成高速持續打發直到變成濃稠、泛白且流動緩慢的狀態〔ⓑ〕。

2 依序加入 A、其它的粉類，以打蛋器攪拌混合，攪拌至沒有粉粒的狀態。

3 改以刮刀再次將麵糊拌勻2～3次，從稍微高一點的位置將麵糊倒入烤模內，固定於某一點緩緩倒入，讓麵糊可以平均流入烤模內。

4 請記得擦拭沾附在邊緣的麵糊，避免烘烤時烤焦而產生焦味；接著雙手按緊中央凸起的部分，舉起烤模從約5cm的高度往檯面「咚咚」兩下輕輕敲扣，使麵糊可以均勻填滿。

5 放入預熱過的烤箱烤25～28分鐘。

6 趁熱以刀子沿著烤模的側面和中空處讓蛋糕脫模，置於烤網上冷卻。請小心不要燙傷。

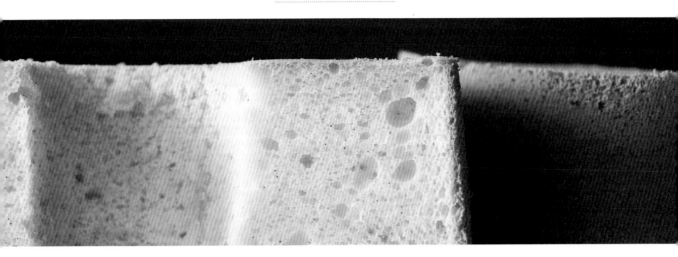

天使戚風蛋糕

與黃金蛋黃蛋糕相反，只使用蛋白製作的一款蛋糕。
為了增添香氣，會添加香草籽提味。
亦可使用香草精替代。

材料〔直徑17cm的戚風蛋糕烤模〕

蛋白 … 6顆（約200g）
上白糖 … 70g
鹽 … 1小撮
低筋麵粉 … 70g
A ┌ 牛奶 … 70g
  │ 沙拉油 … 30g
  └ 香草籽 … 1/3條（或是少許香草精）

事前準備

◎ 將蛋白放入冷藏庫確實冷卻。
◎ 將低筋麵粉過篩備用。
◎ 烤箱請預熱至180℃。

製作方法

1 在調理盆內加入 **A** 混合均勻，再加入過篩後的低筋麵粉攪拌至沒有粉粒的狀態。持續再翻動 20～30 次直到出現光澤感的麵糊。

2 在另一個調理盆內倒入冰過的蛋白，打發蛋白至呈現泡沫狀，同時加入一半份量的上白糖和鹽。

3 使用手持攪拌機（高速），開始製作蛋白霜。攪拌至開始冒出白色蓬鬆的氣泡時，再將剩下的上白糖倒入持續打發。蛋白霜開始出現光滑的細緻感，攪拌機頭部帶出微微下垂的彎曲狀，即可切換至低速模式，再繼續打發約 20～30 秒，使其呈現更細緻的質感。

4 將一半份量的蛋白霜加入 *1* 的麵糊內，使用打蛋器確實攪拌。攪拌均勻後，倒回裝有蛋白霜的調理盆內拌勻。使用打蛋器從底部往上翻拌的方式，讓麵糊和蛋白霜能夠混合均勻。以較大的幅度翻拌麵糊，讓麵糊可以穿過打蛋器自然抖落，可以降低消泡的情形。

5 混合均勻後，改用矽膠刮刀翻拌約 20～30 次，使其呈現細緻的狀態。

6 從稍微高一點的位置將麵糊倒入烤模內，固定於某一點緩緩倒入，讓麵糊可以平均流入烤模內。

7 使用刮刀等器具讓倒入的麵糊可以平整地推延至烤模邊緣，才能烤成均等高度的蛋糕；為了避免烘烤時麵糊溢出，請將沾黏至邊緣的麵糊擦拭乾淨；接著雙手按緊中央凸起的部分，舉起烤模從約 5cm 的高度往檯面「咚咚」兩下輕輕敲扣，使麵糊可以均勻填滿。

8 放入預熱過的烤箱，烘烤約 30～35 分鐘。取出時小心不要燙傷，將蛋糕連著烤模倒扣在網架上冷卻。

巧克力磅蛋糕式戚風蛋糕

將融化的巧克力混入麵糊裡製作而成。
與使用可可粉製作的戚風蛋糕不同，
濃厚的香氣中卻帶著柔滑的口感，讓人想一嘗究竟。

材料〔18×9×高6cm的磅蛋糕烤模〕

雞蛋 … 2顆
上白糖 … 50g
鹽 … 1小撮
A｢低筋麵粉 … 40g
　可可粉 … 10g
　泡打粉 … 1g
B｢烘焙用巧克力（可可含量60～70%）… 50g
　鮮奶油（乳脂含量40%以上）… 80g

事前準備

◎ 準備兩個調理盆，將蛋黃與蛋白分離。
◎ 將蛋白放入冷藏庫內確實冷卻。
◎ 將A的粉類混合過篩備用。
◎ 烤箱請預熱至180℃。
◎ 將B隔水加熱，讓巧克力融化備用。
◎ 在蛋糕模的底部鋪上烘焙紙。

製作方法

**製作
蛋黃麵糊**

1　使用打蛋器攪拌蛋黃，直到出現泡沫的狀態。

2　將 B 加入攪拌均勻。

3　加入過篩後的 A，與蛋液混合至沒有粉粒的狀態。持續用打蛋器攪拌約 20～30 次，拌至麵糊出現光澤感。

**製作
蛋白霜**

1　使用手持攪拌機（低速）打散蛋白。以切拌的方式打發蛋白至呈泡沫狀，加入一半份量的上白糖和鹽。

2　切換至高速模式，當盆裡的蛋白起泡成為白色蓬鬆的狀態時，加入剩下的上白糖持續打發。

3　蛋白霜開始出現光滑的細緻感，攪拌機頭部帶出微微下垂的彎曲狀，再次轉換至低速模式，繼續打發約 20～30 秒，使其呈現更細緻的質感。

**混合
蛋黃麵糊與
蛋白霜**

1　將一半份量的蛋白霜加入裝有麵糊的攪拌盆內，使用打蛋器確實攪拌。

2　攪拌均勻後，倒回裝有蛋白霜的攪拌盆內拌勻。

3　使用打蛋器從底部往上翻拌的方式，讓麵糊和蛋白霜能夠混合均勻。以較大的幅度翻拌麵糊，使麵糊可以穿過打蛋器自然抖落，可以降低消泡的情形。

4　混合均勻後，改用矽膠刮刀翻拌約 20～30 次，使其呈現細緻的狀態。

**將麵糊
倒入烤模**

1　從稍微高一點的位置將麵糊倒入烤模內，固定於某一點緩緩倒入（如圖示），讓麵糊可以平均流入烤模內。

2　舉起烤模從約 5cm 的高度往檯面「咚咚」兩下輕輕敲扣，使麵糊可以均勻填滿。

3　放入預熱過的烤箱，烘烤約 25～28 分鐘。烘烤至蛋糕表面呈現蓬鬆的質感並連裂痕也有上色即可。取出時小心不要燙傷，將蛋糕倒扣在網架上冷卻。

無油發酵的戚風蛋糕

這款頗有新意的無油版本戚風蛋糕，
利用麵糊發酵的技術與蛋白霜的作用之下烘烤，
切開會看到如同蜂巢般獨特的氣泡斷面。

材料〔直徑17cm的戚風蛋糕烤模〕	事前準備
雞蛋 … 4顆 上白糖 … 60g A ┌ 低筋麵粉 … 40g 　│ 高筋麵粉 … 40g 　│ 速發酵母 … 1g 　└ 鹽 … 1小撮 B ┌ 原味優格(無糖) … 50g 　└ 水 … 50g	◎ 準備兩個調理盆，將蛋黃與蛋白分離。 ◎ 將蛋白放入冷藏庫確實冷卻。 ◎ 烤箱請預熱至180℃。

製作方法

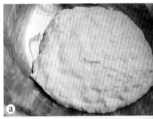
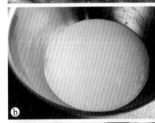

**製作
發酵麵糊**

1　將 **A** 放入調理盆內，使用刮刀翻拌。再加入 **B** 確實翻拌直到沒有粉粒的狀態〔ⓐ〕。

2　包覆上保鮮膜，會開始冒出氣泡，放置約1個小時使其發酵〔ⓑ、ⓒ〕。

3　發酵後加入蛋黃，使用打蛋器攪拌。

**製作
蛋白霜**

1　使用手持攪拌機(低速)打散蛋白。以切拌的方式打發蛋白至呈泡沫狀。

2　加入全部的上白糖，切換至高速模式，打發至呈現強韌細緻的蛋白霜質感。

3　蛋白霜開始出現光滑的細緻感，攪拌機頭部帶出微微下垂的彎曲狀，形成蓬鬆又強韌的蛋白霜即可。

**混合
發酵麵糊與
蛋白霜**

1　將一半份量的蛋白霜加入裝有麵糊的攪拌盆內，使用打蛋器確實攪拌。

2　攪拌均勻後，倒回裝有蛋白霜的攪拌盆內拌勻。

3　使用打蛋器從底部往上翻拌的方式，混合蛋白霜與發酵麵糊。以較大的幅度翻拌麵糊，使麵糊可以穿過打蛋器自然抖落，可以降低消泡的情形。

4　混合均勻後，改用矽膠刮刀翻拌約20～30次，使其呈現細緻的狀態。

**將麵糊
倒入烤模**

1　從稍微高一點的位置將麵糊倒入烤模內，固定於某一點緩緩倒入，讓麵糊可以平均流入烤模內。

2　使用刮刀等器具讓倒入的麵糊可以平整地推延至烤模邊緣，才能烤成均等高度的蛋糕；為了避免烘烤時麵糊溢出，請將沾黏至邊緣的麵糊擦拭乾淨；接著雙手按緊中央凸起的部分，舉起烤模從約5cm的高度往檯面「哆哆」兩下輕輕敲扣，使麵糊可以均勻填滿。

3　放入預熱過的烤箱，烘烤約28～30分鐘。烘烤至蛋糕表面呈現蓬鬆的質感並連裂痕也有上色即可。取出時小心不要燙傷，將蛋糕倒扣在網架上冷卻。

香辣馬鈴薯的鹹味戚風蛋糕
» p.98

火腿起司的鹹味戚風蛋糕
» p.99

香辣馬鈴薯的鹹味戚風蛋糕

使用烤盤製作，香辣的調味讓人食慾大振。
可以加入個人喜好的香草或香料調味效果都很不錯。
這款蛋糕不僅有飽足感，熱熱吃或是放涼吃都好吃。

材料〔16×21×高3cm的烤盤〕

雞蛋 … 2顆
上白糖 … 15g
鹽 … 1小撮
低筋麵粉 … 40g
紅椒粉 … 少許

A 牛奶 … 20g
　 原味優格(無糖) … 20g
　 橄欖油 … 20g

B 馬鈴薯 … 中型2顆
　 辣椒粉 … 2小匙*
　 鹽 … 1/2小匙

*使用加鹽的辣椒粉的話，
份量可以再少一些。

事前準備

◎ 準備兩個調理盆，將蛋黃與蛋白分離。
◎ 將蛋白放入冷藏庫內確實冷卻。
◎ 將低筋麵粉過篩備用。
◎ 將A拌勻後加熱（請注意煮到沸騰，可能會油水分離）。
◎ 馬鈴薯清洗過後，不需擦拭水分，連皮包裹上保鮮膜，放入微波爐以600W加熱約1～1分半。稍稍降溫後切成3cm大小，將馬鈴薯與B的辣椒粉和鹽拌勻備用。
◎ 在烤盤上鋪上較大面積的烘焙紙（約是從側面多出3～4cm的程度即可）。
◎ 烤箱請預熱至180℃。

製作方法

製作 蛋黃麵糊

1 使用打蛋器攪拌蛋黃，輕輕攪拌直到出現濃稠的狀態。

2 將A加入攪拌均勻。

3 加入過篩後的低筋麵粉，與蛋液混合至沒有粉粒的狀態。持續用打蛋器攪拌約20～30次，使麵糊出現光澤感。

製作 蛋白霜

1 使用手持攪拌機（低速）打散蛋白。以切拌的方式打發蛋白至呈泡沫狀，再加入一半份量的上白糖與鹽。

2 切換至高速模式，打發至呈現白色蓬鬆的狀態時，即可加入剩下的上白糖並繼續打發。

3 蛋白霜開始出現光滑的細緻感，攪拌機頭部帶出微微下垂的彎曲狀，再次調整成低速模式，持續打發20～30秒。

混合 蛋黃麵糊與 蛋白霜

1 將一半份量的蛋白霜加入裝有麵糊的攪拌盆內，使用打蛋器確實攪拌。

2 攪拌均勻後，倒回裝有蛋白霜的攪拌盆內拌勻。

3 使用打蛋器從底部往上翻拌的方式，讓麵糊和蛋白霜能夠混合均勻。以較大的幅度翻拌麵糊，使麵糊可以穿過打蛋器自然抖落，可以降低消泡的情形。

4 混合均勻後，改用矽膠刮刀翻拌約30～50次，使其呈現細緻的狀態。

將麵糊 倒入烤模

1 從稍微高一點的位置將麵糊倒入烤模內，固定於某一點緩緩倒入，讓麵糊可以平均流入烤模內。

2 舉起烤模從約5cm的高度往檯面「咚咚」兩下輕輕敲扣，使馬鈴薯可以均勻散佈。

3 放入預熱過的烤箱，烘烤約25～28分鐘。取出時連同烤盤放置在網架上冷卻。

火腿起司的鹹味戚風蛋糕

當冰箱裡有剩下的火腿或起司粉時，
請務必試試看這款可以當成主食吃的戚風蛋糕。
可以使用戚風蛋糕模製作，或是和辣味馬鈴薯戚風蛋糕相同，
利用烤盤製作亦可。

材料〔直徑17cm的戚風蛋糕烤模〕

雞蛋 … 4顆
上白糖 … 30g
鹽 … 1小撮
低筋麵粉 … 70g
起司粉 … 40g
百里香葉 … 少許
火腿 … 80g

A ⎡ 牛奶 … 40g
　 ⎢ 原味優格（無糖）… 30g
　 ⎣ 橄欖油 … 30g

事前準備

◎ 準備兩個調理盆，將蛋黃與蛋白分離。
◎ 將蛋白放入冷藏庫內確實冷卻。
◎ 將低筋麵粉過篩備用。
◎ 將A拌勻後加熱（請注意煮到沸騰，可能會油水分離）。
◎ 火腿切成3mm大小。
◎ 烤箱請預熱至180℃。

製作方法

製作蛋黃麵糊

1　使用打蛋器攪拌蛋黃，輕輕攪拌直到出現濃稠的狀態。

2　將 **A** 加入攪拌均勻。

3　加入過篩後的低筋麵粉、起司粉與百里香葉，和蛋液混合至沒有粉粒的狀態。持續用打蛋器攪拌約 20～30 次，麵糊出現光澤感後，再加入火腿混合均勻。

製作蛋白霜

1　使用手持攪拌機（低速）打散蛋白。以切拌的方式打發蛋白至呈泡沫狀，加入一半份量的上白糖和鹽。

2　切換至高速模式，打發至白色蓬鬆的狀態時，即可加入剩下的上白糖並繼續打發。

3　蛋白霜開始出現光滑的細緻感，攪拌機頭部帶出微微下垂的彎曲狀，再次調整成低速模式，持續打發 20～30 秒。

混合蛋黃麵糊與蛋白霜

1　將一半份量的蛋白霜加入裝有麵糊的攪拌盆內，使用打蛋器確實攪拌。

2　攪拌均勻後，倒回裝有蛋白霜的攪拌盆內拌勻。

3　使用打蛋器從底部往上翻拌的方式，讓麵糊和蛋白霜能夠混合均勻。以較大的幅度翻拌麵糊，使麵糊可以穿過打蛋器自然抖落，可以降低消泡的情形。

4　混合均勻後，改用矽膠刮刀翻拌約 30～50 次，使其呈現細緻的狀態。

將麵糊倒入烤模

1　從稍微高一點的位置將麵糊倒入烤模內，固定於某一點緩緩倒入，讓麵糊可以平均流入烤模內。

2　使用刮刀等器具讓倒入的麵糊可以平整地推延至烤模邊緣，才能烤成均等高度的蛋糕；為了避免烘烤時麵糊溢出，請將沾黏至邊緣的麵糊擦拭乾淨；接著雙手按緊中央凸起的部分，舉起烤模從約 5cm 的高度往檯面「咚咚」兩下輕輕敲扣，使麵糊可以均勻填滿。

3　放入預熱過的烤箱，烘烤約 28～30 分鐘。烘烤至蛋糕表面呈現蓬鬆的質感並連裂痕也有上色即可。取出時小心不要燙傷，將蛋糕倒扣在網架上冷卻。

使用不同烘焙用粉所做的戚風蛋糕

製作戚風蛋糕時可以使用不同的烘焙用粉，
比如說：高筋麵粉、杏仁粉、米穀粉等。
各式粉類會創造出不同口感與風味的美味戚風蛋糕，
讓人期待著每一次放入口中不同的滋味。

□ 杏仁粉　　□ 玉米粉　　□ 高筋麵粉　　□ 低筋麵粉　　□ 米穀粉

材料〔直徑 17cm 的蛋糕烤模〕

雞蛋 … 4顆
上白糖 … 60g
鹽 … 1小撮
A〔（粉類）低筋麵粉 … 70g
　　使用其它粉類的話：
　　高筋麵粉 … 60g、玉米粉 … 70g、
　　米穀粉 … 80g、杏仁粉 … 80g
　　泡打粉 … 1小撮
B〔水 … 30g
　　牛奶 … 30g
　　沙拉油 … 30g

製作方法

與基本款的蓬鬆口感戚風蛋糕（p.18）
製作方法相同

☑ **使用高筋麵粉製作的話**
較高含量的麵筋會使麵糰更具有韌性與彈性，吃起來更紮實Q彈。

☑ **使用低筋麵粉製作的話**
蓬鬆的口感，即是印象中的戚風蛋糕。

☑ **使用米穀粉製作的話**
經過烘烤過的米穀粉，會形成Q彈帶點濕潤的口感。

☑ **使用杏仁粉製作的話**
散發著杏仁微微的風味與香氣。由於杏仁粉沒有麩質、不會產生筋性，因而蛋糕體的組織不會黏在一起，放入口中柔軟又酥鬆。

☑ **使用玉米粉製作的話**
加熱後會產生一定程度的黏性，吃起來紮實細緻，但粉質感較重。

將戚風蛋糕
脫模的方法

將戚風蛋糕脫模的方法有兩種，
一種是利用刀子切開；
另一種是不使用刀子的方法。
請選擇適合自己的方式試試看。

使用刀子脫模的方法

① 用手將膨脹至烤模外側的蛋糕體往內側推。

② 使用佩蒂小刀或水果刀插入蛋糕模內，貼緊側面，彷彿像在削蛋糕模一般，沿著側面旋轉劃一圈。

③ 中央突起的煙囪處，同樣將刀刃插入，沿著側面旋轉一圈。

④ 底面同樣插入刀刃，旋轉一圈使蛋糕與烤模剝離。

徒手脫模的方法

① 用手將膨脹至烤模外側的蛋糕體往內側推。

② 用雙手的指尖沿著側面均等地將蛋糕體往底面按壓，稍後蛋糕體會再恢復原狀不用擔心。

③ 中央的煙囪處同樣是使用指尖將蛋糕體往底部壓。

④ 底部的部分，一樣向著中央的煙囪處均等地用力按壓蛋糕體。

製作戚風蛋糕常見的失敗與原因

戚風蛋糕的材料非常簡單，正因爲簡單，
一不小心就可能會失敗的戚風蛋糕。
在這邊，我會介紹幾種常見的失敗原因，
當發生類似的狀況時，可以提供給您作爲參考。

從外觀觀察失敗的狀況

底部凹陷

當你以為蛋糕漂亮的膨發時，脫模後才發現底部有凹陷。這種時候通常是因為蛋白霜沒有充分打到細緻的狀態，也有可能是烤箱沒有預熱、溫度過低或過高。

側面不平整

通常是麵糊內水分不足所引起，特別是使用豆漿、椰奶等液體類食材時容易發生。再者，蛋黃麵糊與蛋白霜沒有確實拌勻時，也容易發生此類狀況。

烘烤不平均

使用粗糙、打發過度的蛋白霜時容易發生的狀況。蛋白霜請記得使用預冷過的蛋白來打發，才會細緻光滑。另外，蛋白霜打得過頭、出爐時沒有倒扣冷卻、烘烤時間不足等種種因素，都有可能會使蛋糕在烘烤中膨脹，但在冷卻後如同圖示般表面不平均。

從斷面觀察失敗的原因

蛋白霜沒有確實發泡

蛋白霜沒有打發完全的話，容易使整體膨脹不均勻。此外，蛋白霜若沒有與蛋黃麵糊確實拌勻的話，也會有相同問題。

攪拌過頭

蛋黃麵糊與蛋白霜過度拌合後消泡，造成斷面凹陷的布丁層。蛋糕雖然在烘烤的時候會膨脹，冷卻後則會產生如圖示般的塌陷。

攪拌不均勻

氣孔為蛋白霜沒有與蛋黃麵糊拌勻時所產生。不仔細拌勻的話，就會烤出許多大的氣孔。

戚風蛋糕研究室

日本高人氣甜點名師不失敗美味配方大公開！
蓬鬆、濕潤和Q彈三種口感戚風蛋糕╳創意戚風蛋糕一次收藏

作　　　者｜村吉雅之（ムラヨシマサユキ Murayoshi Masayuki）
譯　　　者｜Allen Hsu
封面設計｜Rika Su
內文排版｜關雅云
特約編輯｜J.J. CHIEN
出　　　版｜境好出版事業有限公司
總編輯｜黃文慧
副總編輯｜鍾宜君
行銷企畫｜胡雯琳
會計行政｜簡佩鈺
地　　　址｜10491 台北市中山區復興北路38 號7F 之2
粉絲團｜https://www.facebook.com/Jinghaobook
電子信箱｜JingHao@jinghaobook.com.tw
電　　　話｜(02)2516-6892
傳　　　眞｜(02)2516-6891
發　　　行｜采實文化事業股份有限公司
地　　　址｜10457 台北市中山區南京東路二段95 號9 樓
電　　　話｜(02)2511-9798
傳　　　眞｜(02)2571-3298
電子信箱｜acme@acmebook.com.tw
采實官網｜www.acmebook.com.tw
法律顧問｜第一國際法律事務所　余淑杏律師
定　　　價｜450 元
初版一刷｜2022 年6月
ISBN　978-626-7087-35-0

作って楽しい　食べて美味しい
ムラヨシマサユキのシフォンケーキ研究室
著者：ムラヨシマサユキ
© 2020 Murayoshi Masayuki
© 2020 Graphic-sha Publishing Co., Ltd.
This book was first designed and published in Japan in 2014 by
Graphic-sha Publishing Co., Ltd.
This Complex Chinese edition was published in 2022 by
JingHao Publishing Co., Ltd.

Original edition creative staff
Design: Ryo Takahashi (chorus)
Photo: Miyuki Fukuo
Styling: Yuko Magata
Cooking Assistant: Moeka Suzuki
Editor: Yoko Koike (Graphic-sha Publishing Co., Ltd.)

國家圖書館出版品預行編目 (CIP) 資料

戚風蛋糕研究室：日本高人氣甜點名師不失
敗美味配方大公開！蓬鬆、濕潤和Q彈三種
口感戚風蛋糕╳創意戚風蛋糕一次收藏/村
吉雅之作；Allen Hsu譯. -- 初版. -- 臺北
市：境好出版事業有限公司出版：采實文化
事業股份有限公司發行, 2022.06
　　面；　　公分
譯自：作って楽しい 食べて美味しい
ムラヨシマサユキのシフォンケーキ研究室
ISBN 978-626-7087-35-0（平裝）
1.CST：點心食譜

427.16　　　　　　　　　　111007307